TURING 图灵新知

极简算法史

Homo Informatix

从数学到机器的故事

[法]吕克·德·布拉班迪尔◎著

任 轶◎译

U0202661

人民邮电出版社

北京

图书在版编目（CIP）数据

极简算法史：从数学到机器的故事 /（法）吕克·德·布拉班迪尔著；任轶译. -- 北京：人民邮电出版社，2019.1（2022.10重印）
（图灵新知）
ISBN 978-7-115-50080-9

Ⅰ.①极… Ⅱ.①吕… ②任… Ⅲ.①算法 – 数学史 Ⅳ.①O24

中国版本图书馆CIP数据核字(2018)第273330号

内 容 提 要

本书呈现了一段妙趣横生的人类思维史，从古希腊哲学到"无所不能"的人工智能，数字、计算、推理等概念在3000年里融汇、碰撞。数学、逻辑学和计算机科学三大领域实属一家，彼此成就，彼此影响。本书描绘了一场人类探索数学、算法与逻辑思维，并最终走向人工智能的梦想之旅，展现了哲学家、逻辑学家与数学家独特的思维方式，探讨了算法与人工智能对科学和社会的巨大影响。适合喜爱数学、哲学和算法知识的大众读者。

◆ 著　　　　[法]吕克·德·布拉班迪尔
　　译　　　　任　轶
　　责任编辑　戴　童
　　责任印制　周昇亮

◆ 人民邮电出版社出版发行　　北京市丰台区成寿寺路11号
　　邮编　100164　　电子邮件　315@ptpress.com.cn
　　网址　https://www.ptpress.com.cn
　　北京虎彩文化传播有限公司印刷

◆ 开本：787×1092　1/32
　　印张：5.25　　　　　　　　　2019 年 1 月第 1 版
　　字数：77 千字　　　　　　　2022 年 10 月北京第10次印刷
　　　　著作权合同登记号　图字：01-2018-4378 号

定价：39.00 元
读者服务热线：(010)84084456-6009　印装质量热线：(010)81055316
反盗版热线：(010)81055315
广告经营许可证：京东市监广登字 20170147 号

版权声明

本书献给维奥莱特和玛露西亚，我的第三个和第四个孙女。

序

在 20 世纪 60 年代，我做了很多数学方面的研究。1968 年，法国爆发的"五月风暴"运动号召大家自由畅想，之后，我曾求学的比利时鲁汶理工大学突然开设了一门全新的专业——应用数学。于是我立刻申请注册了这一专业。这是多么幸运啊！

在 20 世纪 70 年代，我开始接触计算机科学。随后，我在一家银行就职，成为最早使用个人计算机工作的人之一。但由于存储器大小有限，我不得不使用二进制语言进行编程。在这方面，我同样十分幸运，因为并不是所有人都能和我一样有机会进入"0 和 1 的学校"学习。借助这个机会，我真正理解了数字世界是怎样运作的。然后在 1984 年，我写了第一本书《Infoducs，新世界的新词汇》（*Infoducs, un nouveau mot pour un nouveau monde*）。

到了 20 世纪 90 年代，我遇到了逻辑学，并开始潜心研究哲学。这时，我听说了三段论、排中律、归纳和真值表等问题。探索有趣的逻辑学世界是一件伟大而令人惊喜的事。

数学、计算机科学、逻辑学——充斥我整个职业生涯的三大学科最终成就了这本书。如今，我依次接触到的三个不同世界融会贯通，构成了一个整体体系。事实上，在众多思想巨人的推动下，人类花费了三千年才建立起这个体系。在我接下来要讲述的这个故事中，读者们将遇到十几位天才，他们都不愿被局限在三大学科的任何单独一科之中。故事的架构可能有点类似向顶点汇聚的三角形——三角形以数学和逻辑为第一顶点和第二顶点，继而慢慢收敛到计算机科学这第三顶点。然而，故事更让我想到的是沙漏，而乔治·布尔就处在沙漏最狭窄的连接管里。乔治·布尔出生于1816年，他发明的二进制系统令其成为计算机科学无可争议的鼻祖，但是，布尔的创作灵感首先来自他希望将逻辑数学化的愿望。我们将看到，这个梦想貌似遥不可及，但我们也会看到，这种统一融合的想法为何会在两千多年的历史中启迪了无数的哲学家和科学家。

通常，数学、逻辑学和计算机科学都是单独分开教学的，然而，三个学科之间的联系非常紧密。数学的两大丰碑——概率和对数，是信息论的支柱。贝叶斯公式——贝叶斯也是我们随后将结识的一位巨匠——是互联网算法的核心。正是凭借逻辑"回路"，计算机才得以展现非凡的力量。而计算机技术也推开了一扇全新的数学分支的大门——分形几何学……

因此，我要讲的其实只是一个故事。我很高兴能够给大家讲一讲这个故事。

布莱士·帕斯卡曾说过："不认识整体就不可能认识局部，同样，不认识局部也不可能认识整体。"我听从了他的建议。并且关于这段历史，有很多好书分别讲述了其中的一部分，所以我想以一本书来概述整段历史。

我将从历史概述开始，并借助封面上的历史简图，让读者们理解书中涉及的计算机科学史的要点。本书前言的标题为"三个婚礼和一个葬礼"，为何要以这样一个名字来命名？大家会很快看到原因。书中接下来的内容由三大部分组成。

在第一部分中，我将回溯数学和逻辑学两大基础科学的起源。读者们会看到这两大学科诞生的起因和方式、进化的主要阶段，以及为什么它们看似合乎情理的大融合，最终却被证实是不可能的事情。

在第二部分，读者们将看到计算机科学"史前史"，并在其中遇到三位生前不为人所知、之后又名扬天下的巨人——托马斯·贝叶斯、克劳德·香农和诺伯特·维纳，在计算机思维漫长的诞生历程中，这三个人的理论与乔治·布尔和阿兰·图灵的理论一样重要。

本书前两个部分都是面向过去的，第三部分将引导我们对未来进行思考——不仅要思考所有可能实现的技术，更重要的，是思考这些技术将对整个社会发展带来哪些重要挑战。

本书想要成为向所有人全面普及知识的通俗科普读本，因此我避免了所有重复和冗余的叙述，但会建议读者更仔细地思考某一个概念，或更详细地了解某一个理论要素。

我曾经询问《哲学杂志》(*Philosophie Magazine*)的主编亚历山大·拉克鲁瓦，什么才是哲学，他用一句话回答："哲学就是喝咖啡啊！"不是宗教，不是智慧的源泉，不是治疗方案，不是精确的科学，哲学是点燃人类思想的一门独立、完整的学科，它激励着我们与自己已然麻木不仁的思维不断做斗争。伟大的哲学家就是唤醒我们的人，他们的理念就像咖啡一样唤醒我们，使我们摆脱了麻木和平庸。现在，这些伟人邀请大家在这本书中与他们一起喝一杯咖啡！

2017 年 9 月，于法国 La Bastide-d'Engras

前　言

三个婚礼和一个葬礼
如何看懂封面上的那些人，那些事

　　大约在 80 年前，第一台计算机诞生，但计算机科学史并不是从这里才开始的。为了将人类的思想用程序编写或仿真出来，我们必须能够理解、拆解、分解它。换句话说，在计算机语言中，为了能够将思想编写成代码，首先必须能够将其解码！不得不说，早在古代，人们就希望能分析思想。在数学和逻辑学各自围绕着本领域的标志性思想家逐渐发展的时期，作为当今计算机科学的基础的各种原理、规则和概念就开始萌芽了。其中两位伟大的思想家就是**柏拉图和亚里士多**

德。正如你在封二上的计算机科学史简图中看到的那样，计算机科学的历史也是人类梦想结合数学和逻辑学这两大相近分支的历史。在 13 世纪，神学家、马略卡岛上的传教士雷蒙·吕勒第一次阐述了这一梦想。但是，莱布尼茨才是这一梦想的忠实追随者。这位德国哲学家自问，这两门学科为什么自古以来就一直在并行发展？况且，二者显然是为了同样的目的——数学家和逻辑学家一样，都在试图建立不容置疑的真理，他们不断与推理错误斗争，希望树立一个正确思维的规律。

这种想把两种现有的思想结合起来，从而形成第三种思想的愿望是一种常见的创新机制。匈牙利记者兼学者亚瑟·库斯勒将这种"碰撞"（因为总是碰撞出来的）称为"异类联想"（bissociation），也就是说，将人们司空见惯的两个常见事物组成一个前所未有的新事物。

今天，我们知道莱布尼茨的梦想恐怕永远不会实现了，因为"真正的"和"可论证的"永远是两个截然不同的东西。但是另有三种异类联想，它们虽然不那么充满雄心和壮志，但事实证明是成果斐然的，而且还重新构建了人类的历史：笛卡儿调和了代数与几何学，英国逻辑学家布尔结合了代数和三段论，美国工程师、麻省理工学院的克劳德·香农将二进制计算与电子继电器进行了异类联想。

如此一来，计算机科学史自然而然成了三个"婚礼"和一个"葬礼"[①]的完美故事。让我们仔细看看这其中的细节。

笛卡儿与解析几何

在中世纪，阿拉伯数学家的思想抵达西方。西方语言中的"算法"（algorithm）一词就源于**阿尔·花拉子米**的名字。重要的是，阿拉伯数学家提出了一种全新的数学方法。自古埃及[②]和柏拉图时代以

---

① 在美国喜剧电影《四个婚礼和一个葬礼》中，男主人公就是因为经历了四次婚礼和一次葬礼而与女主人公相识、相爱的。（本书脚注大都是译者注，原注会另作标注。）

② 据大量史料研究证明，西方几何学是古埃及人在丈量土地时发明创造的。

来，几何学在西方数学中占主导地位，然而，阿拉伯人却热衷于阐释代数的基本概念和优点。

在阿拉伯数学的概念体系中，数学家们还发明了数字"零"。古罗马人竟然没有将"零"整合到自己的数字系统中，这实在不可思议！那么，他们又是如何将 XXXV 和 XV 相加的呢？如何向人们解释这两者相加的结果是 L？[①] 我们还是别把话题扯远了。

幸好，**笛卡儿**发明了由 x 轴和 y 轴组成的坐标系，成功地调和了几何学和代数，于是，这一坐标系被命名为"笛卡儿坐标系"[②]。笛卡儿的几何代数被命名为"解析几何"，解析几何至今仍然是人们建立一条曲线模型的绝佳工具。自此以后，一个圆既可以用图形描绘出来，也可以用方程 $x^2 + y^2 = r^2$ 表示。而且，两种表达方式丰富了彼此的意义。

---

① XXXV、XV 和 L 分别是罗马数字 35、15 和 50。因此对于古罗马人来说，计算的难点在于要解释清楚为什么字母组合 XXXV 和 XV 相加的和是字母 L。

② 笛卡儿坐标系是直角坐标系和斜角坐标系的统称，传说是笛卡儿在生病卧床时，偶然看到屋顶墙角的蜘蛛网，继而联想到了发明坐标系。

笛卡儿的成果及其对数学的热情激励了一些天才去探索未知的土地。在他们当中，有三个人也出现在我们的历史简图中。

第一位是**伽利略**，他在很多领域都取得了革命性进展。首先，伽利略用意大利语写书，而在他之前，没有任何西方科学家敢于舍弃知识界众人习惯使用的拉丁语。伽利略甚至在写作风格上进行了创新，以哥白尼论点的支持者和反对者之间的对话形式呈现了自己的理论。其次，伽利略擅长使用实验仪器，这又是一个打破常规的大胆之举！自古以来，知识形态与技艺对立、科学家与工匠对立，只有工匠才会"弄脏自己的双手"，因为他们需要动手实际操作。这是一个悠久的传统。如同安德烈·维萨里决定用手术刀来证明盖伦的错误一样①，伽利略用天文望远镜证明，亚里士多德也错了。

———————————————

① 盖伦是古罗马时期最著名的医学家，其医学及解剖学理论曾长期支配着西方医学世界，但维萨里勇于挑战盖伦的权威，并使用解剖工具亲自解剖验证，为学生们演示操作，从而纠正了盖伦的部分错误观点。

　　伽利略的运气很好，通过观察金星、木星卫星的运动周期及其他一些现象，他终于以无可辩驳的方式证明了哥白尼是正确的。伽利略曾说过："数学语言是上帝用来书写宇宙的文字。"无疑，他已经自视为柏拉图的追随者了。

　　第二位是**布莱士·帕斯卡**。这是一位生活经历相当丰富的人物，他在多姆山筹划的实验证明了大气压强的变化，他写就了著名的《思想录》，他帮助做税务工作的父亲打造了第一台计算器，还在巴黎建成了第一个公共交通系统！

　　在帕斯卡丰富多彩的经历之中，最让我们感兴趣的是他创建概率论的故事。事实上，帕斯卡对亚里士多德的"目的论"提出了质疑，并假定很多事件纯属偶然。但更重要的是，帕斯卡打算将这个偶然性计算出来！帕斯卡将这一新学科命名为"随机几何学"，并证明，如果同时投掷两个骰子，只有 11/36 的机会能至少出现一个 6[①]。简而

---

① 也就是说，如果同时投掷两个骰子，一个掷出 6 而另一个不为 6 的概率为 10/36，掷出双 6 的概率为 1/36，因此至少掷出一个 6 的概率为 11/36。

言之，帕斯卡建立了规则，在给定一个原因的条件下，能够计算出某个给定结果的概率。

不久之后，一位好奇心极强的英国牧师**托马斯·贝叶斯**决定以另一种方式提出疑问。他想知道，如果给定一个结果，那么产生该结果的原因的概率是多大？换句话说，如果掷骰子掷到一个 6，那么骰子被动了手脚的概率是多大？

当然，**戈特弗里德·威廉·莱布尼茨**的伟大梦想才是本书所讲故事的奠基石。将数学和逻辑学进行异类联想？这位德国哲学家相信，这是有可能的。相传在讨论过程中，如果与对话者产生了分歧，莱布尼茨就会说："那好吧，让我们来计算一下！"

除此之外，莱布尼茨与牛顿同时独立建立了微积分的基础，也就是无穷小的方程。二人并未就此交换过意见[①]。

---

① 数学界在"到底是谁发明了微积分"这个问题上存在争议，因为牛顿和莱布尼茨几乎在同一时期各自创立了微积分。但是，二人创立的微积分理论其实都不严格。

于是，莱布尼茨最终证明无论阿基里斯前进了多少，他也永远追不上乌龟[1]。过了 2000 年，芝诺终于等到了比自己更强的人。

乔治·布尔与二进制

莱昂哈德·欧拉曾住在哥尼斯堡（现在的加里宁格勒）。这座城市围绕着两座岛而建，岛与岛以及岛与河岸之间被七座桥连接。这位数学家尝试用不同的走法，希望能够恰好通过每座桥一次后，再回到起点，但他所有的尝试都失败了。从失败的沮丧中，欧拉萌生了对拓扑学、网络学的兴趣[2]。

欧拉不仅是一名数学家，他对逻辑学也很感兴趣，因此，他在我们的历史简图中也占有一席之地。欧拉创立了

---

① 阿基里斯是古希腊神话中的英雄，他十分擅长跑步。假设阿基里斯和乌龟赛跑，他的速度为乌龟的 10 倍，而乌龟在其前面 100 米起跑，他在后面追，那么阿基里斯永远不可能追上乌龟。这是著名的"芝诺悖论"中的例子，古希腊数学家芝诺提出了运动"不可分性"的哲学悖论。

② 这就是 18 世纪著名的古典数学问题"七桥问题"。

一种图形表示方法，通过重叠的圆来解决"三段论"——在图中河流右侧的石碑上刻着三段论的理念，我们后面将详细讨论这个问题。欧拉的圆在今天被称为"文氏图"[①]。这再次印证了"斯蒂格勒定律"[②]，任何科学发现都没有根据其最初发现者的名字而命名！

康德也曾住在哥尼斯堡。他在逻辑学和数学领域没有做出什么决定性的贡献。康德没有真的将逻辑学和数学等学科看作有用的课题项目。他不是写过"亚里士多德的逻辑是一门完备的科学"吗？当然，这里面包含着谦虚的意味，但对于康德这样一位天才来说，如此缺乏洞察力，着实令人惊讶。

但是，康德在我们的故事中尚有一席之地，至少出于以下两个原因。首先，在他的著作《纯粹理性批判》中，事实上，康德尝试颠覆作为主体的"我们"和在我们周围的客体之间的关系。这一大胆尝试让心理学等全新研究领

---

① 19世纪英国数学家约翰·维恩发明的表示集合或类的草图。
② 又名"名字来由法则"，是美国统计学家史蒂芬·斯蒂格勒提出的定律，指出科学发现或定律的命名最终大多归功于后来更有名望的科学家，而非其原发现者或创始人。

域一下子成为可能，并且，我们后面将会看到它对新兴的计算机技术的影响。

此外，康德曾说过，为了完成这个"哥白尼式革命"，必须有一个空间的先验概念。简而言之，康德认为，如果我们能够感知一个客体，是因为这个客体是属于空间的，并且，客体所在的这个空间是欧几里得创立的欧氏几何空间。

我们把**乔治·布尔**置于历史简图的中心，这并不是巧合，因为他恰好处于两个世界的交汇处。他推动了莱布尼茨的梦想。同时，为了将亚里士多德的三段论和代数进行异类联想，换句话说，为了找到"推理的方程"，布尔发明了二进制编码，使得验证论据就如同证明定理一样成为可能。

布尔最初的想法很简单。人们用算术完成加法和乘法，用逻辑讨论"或"和"与"，那么，为什么不尝试把上述两种方法结合起来呢？假设有两个彼此相交的集合，其中一些元素只属于两个集合中的一个，即为逻辑或，而另一些元素为两个集合所共有，即为逻辑与。例如，如果有两个集合，一套木制品和一套乐器，那么木棍只属于前者，小号只属于后者，而小提琴则同时属于两者。逻辑或类似于加法，因为我们考虑到两个集合之和。于是布尔开始思考，两个集合的共有部分会不会有一点相当于乘法？

他的研究最终得到了方程 $x^2 = x$，而这个方程仅在 x 等于两个值时才能成立，即 0 和 1。如此一来，二进制运算比计算机技术早诞生了整整 100 年！

从计算机科学发展史的角度来看，布尔虽然在亚里士多德的逻辑中发现了两处错误，却反而因此强化了亚里士多德在历史上不可动摇的地位。这有点难以置信，但无论如何，万变不离其宗……

但在我们的故事中，布尔也标志着逻辑史的终结（见第一部分）。

香农与信息论

1931 年，保险丝终于烧断了。**库尔特·哥德尔**公布了他的"哥德尔不完备性定理"。在这个定理中，哥德尔证明了"真实的"和"可证明的"是两个截

然不同的东西——莱布尼茨的梦想将永远不会实现。于是，伯特兰·罗素利用这次"冲击波"颠覆了整个逻辑学，顺便处理了一个困扰了众人2000多年的问题。身为克里特人的埃庇米尼得斯曾经表示："所有克里特人都是骗子。"①

伯特兰·罗素是一个时代的象征。当他出生的时候，伦敦还没有电力，当他去世的时候，尼尔·阿姆斯特朗已经在月球上漫步过了。这位英国贵族在思想上有远大的抱负，而且行事果断。关于亚里士多德，他只写道："三段论的逻辑从头到脚都是错误的，而剩下少许没出错的地方也没什么用。"在这一点上，他是对的。当时，罗素与自己的老师阿尔弗雷德·诺思·怀特海全心投入撰写一本名为《数学原理》的宏伟巨著。告别命题逻辑，迎来关系逻辑。而在这一过程中，诞生了新的

---

① 这就是著名的"说谎者悖论"。在公元前6世纪，克里特哲学家埃庇米尼得斯说："所有克里特人都是骗子。"但他本身就是克里特人，如此一来，如果这句话是真的，那说明埃庇米尼得斯也在说谎，如果这句话是假的，那说明埃庇米尼得斯是个骗子，因此，这句话形成了一个悖论。

术语，正如历史简图中河岸边的路标所提示的那样：对于任意一个 x，存在一个 y（$\forall x \exists y$）。

但是，这场冒险并没有取得圆满成功，**路德维希·维特根斯坦**指出了一个问题：语言存在逻辑上的缺陷。维特根斯坦是罗素在英国剑桥大学的门生和同事，同时也是反驳者。我们在第二部分将详细探讨这一逻辑问题。

令人难以置信的是，多亏了克劳德·香农的研究，布尔才真正走出了陈旧的逻辑学大门——第三次异类联想成效显著。

**克劳德·香农**的名气不算大，即使是计算机领域的专业人士也往往不了解香农给自己的学科带来哪些决定性贡献。这位美国工程师把自己的全部生活都贡献给了麻省理工学院和贝尔实验室。事实上，正是他决定将二进制系统和早期的继电器结合起来，以此实现逻辑功能，建立早期的逻辑回路。而在那个年代，继电器还只是一些灯具！

香农希望奠定"信息论"的基础。正如尼古拉·卡诺用"热力学"将蒸汽机理论化了一样,香农也努力寻找可以用来管理信息的规则和基本概念。他找到了令人惊讶的类比。事实上,他试图优化电报传输,寻求最有效的编码方式,所以,香农提到了"效率",甚至是"熵"等词语。[①]

黑匣子与黑天鹅

 20世纪的心理学以非常简单的方式连接了两条理论支流,这两条支流分别出现在历史简图主河干流的左右两侧,即认知主义和行为主义。起初,行为主义领导大家反思,他们坚信,通过理解人对精确的刺激所做的反应,就可以知晓人的本质。当**诺伯特·维纳**开始研究调节和转向机制的时候,这种"黑匣子"理论强烈地启发了他。维纳在1948年创立了名为"控制论"的新学科,深入研究了自动化的可能性。对于当今人们梦寐以求的机器人和人造人技术,维纳是其不容

①　读者如果有兴趣,请参阅《信息简史》一书。——编者注

置疑的先驱。

在第二次世界大战期间，行为主义逐渐让位给一种全新的人类研究方法。在计算机隐喻①理念的影响下，认知主义认为，思想可以被建模，推理可以分解为一系列连续步骤。毫无疑问，**阿兰·图灵**受到了这种观点的启发，认知主义的这种观点促使他设计出了一台以自己名字命名的虚拟机——图灵机。图灵是考虑人工智能的可能性的第一人。

你或许注意到了，认知主义的支流从历史简图的左侧流入主河干，而行为主义的支流则是从右侧流入。这并非偶然。因为，对于亚里士多德来说，知识首先建立在经验之上，与此不同，对于柏拉图来说，知识主要建立在理智之上。

在过去的二十年中，计算机科学的发展达到沸点。但正如牛顿所言②，所有新发展都是站在巨人肩上的前行，上

---

① 计算机隐喻是指把计算机作为人脑功能的一种心理模型，人类心智就像计算机一样运作，人的认知过程与心理活动也是一种"计算"。

② 牛顿曾经说："我之所以有这样的成就，是因为我站在巨人的肩上。"

面的故事也说明了这一点，今天完成的种种成就不过是先贤们从古代就开始的研究的延续。

计算机科学的未来将会怎样？人们已经开始畅想各种各样的未来情景。在 2008 年 8 月，著名的科技杂志《连线》（*Wired*）就预言，大数据将导致"科学的终结"！如果用一句话来总结这篇文章的论点，那就是：如果能够积累数量庞大的信息，我们就不再需要方程式，不再需要因果律[①]，也不再需要模型，只需要与统计学相关的知识就足够了。

亚里士多德曾说过："科学知晓原因。"这句话过时了吗？不，对于哲学家诺姆·乔姆斯基等人来说，这句话甚至比从前更具现代意义了。在《哲学杂志》2017 年 3 月的一篇采访中，乔姆斯基重申，科学的核心并不是在统计的基础上建立一个粗略近似的现象。否则，这就好比"我们不再需要做运动，而只需要拍摄大量人们摔倒的视频，然后就可以预测下一个行为了"。此外，"这也像研究数以百万计的正在跳舞的蜜蜂一样，蜜蜂的舞蹈并不能让我们

---

① 因果律是指任何一种现象或事物都必然有其原因，任何一种状态都是此前状态积累的结果。

理解它们的语言"。

计算机科学的未来将会怎样？对此，我已经学会了保持谨慎。正如序中提到的，我在1984年曾是一名工程师，我几乎阅读了关于计算机学科的所有前沿书籍。我试图思考所有选择：广播式网络与交互式网络、低或高信息流量、模拟信息或数字信息等的可能性。我试着考虑到所有问题，却在一个很重要的问题上失算了——不久，出现了无线电话。今天，人们称这种事件为"黑天鹅"①，即一个貌似不可能发生却非常有影响力的事件。

因此，世间存在许多不确定性，尽管如此，有一件事却得到了确认：莱布尼茨的梦想将永远不会实现。这个梦想会就此变成噩梦吗？有人这么担心是有道理的。在硅谷，人们经常讨论第五次异类联想（也许这是最后一次？），希望将人类和机器融合在一起。但是，现在讨论这一想法的人基本都是技术专家和企业家，我们较少看到人们从社会学或政治角度围绕这一话题进行思考，而从道德

---

① "黑天鹅"事件指难以预测的非寻常性事件，一旦突发，通常会引起一连串负面反应，甚至能就此颠覆现有状态。"黑天鹅"存在于各个领域，包括金融、经济、商业以及日常生活。

上的考虑貌似就更少了。

　　一切都将发展得越来越快……最终，到底是互联网是我们的工具，还是我们成了互联网的工具？到底是谁为谁编程？谁能够为人类再撰写一部名为《自动化理性批判》[①] 的书？

---

① 这里影射的是康德的《纯粹理性批判》。

目　录

第一部分

莱布尼茨之梦

当没什么事可做的时候，你在做什么？

从前的数学故事
三次"抽象运动"的硕果：算术、几何和代数

　　长久以来，人类在不知不觉中掌握了各种数学概念。在旧石器时代初期，直立人就打造出了双面的手斧石器。直立人能做到这一点，正是因为他们已经将"对称轴"概念化了。当然，他们是无意识的，但直立人工匠必须在第一次击中石料之前，就预先设想好一个石料最终的形状会是什么样子。

　　然而，人类是从什么时候开始想要计算的呢？这很难说。但无论如何，如果想要计算就必须要有数字。那么，人类是从什么时候开始产生了计数的需求呢？

　　或许，是从智人决定在位于两河流域的美索不达米亚地区定居下来的那一刻起。农业和畜牧业的发展逐渐衍生出类似"收成"或"（牛、羊或家禽）群"的概念，于是，人们需要一种衡量"收成"或"群"的量的方法。那么，

在将羊群托付给远去放牧数月的牧羊人之前，羊群的主人该如何记住羊的数量呢？

这时，石子成了计算和用于记忆的工具。人们把与羊的数量相等的石子放入一个罐子里。这将成为羊群主人与牧羊人在数月之后商榷后者薪酬的基础……

第一次抽象运动

有一天，有人萌生了在装石子的罐子上铭刻符号的想法，这样一来，人们不必打开罐子，也可以记住罐子里有多少石子了。也就是说，人们在罐子外面画上与罐子里的石子同样数量的羊。文字的概念即将出现……此外，还有另一个更具革命性的想法：将数字从其具体应用中分离出来！

有一天，有人在描述饲养在棚中的家禽的总数时，不再画出 7 次小鸡或鸭子的符号，而是创造了一种意思为数量"7"的符号，并把它加在需要被计数的动物图案后面。

人类思想史上这一伟大的时刻可以被视为数学诞生的日子。从此以后，数字不再是人类家中小牛犊、母牛、猪或者小雏鸡的一部分。数字被分离了出来，从被计算的假想对象中解放了出来。数字变成了抽象的事物。无论是计算树木、人数或者日子，方法都是一样的。正如伯特兰·罗素指出的那样，他花了很长时间让人们意识到，在两个农民和两天之间有着一些共同之处！

此时，人类距离计算仍然很远，甚至距离数字的定义更远，但是至此，我们已经有了数学诞生的佐证。

这对人类社会生活的影响是巨大的，特别是由此产生了一个十分重要的结果。事实上，为了使用数字，人们首先必须能将数字书写出来。口头传统①让人们不需要规定什么是字母"l""f"或"r"，就可以谈论花朵或者下雨。这些概念可以轻易地通过脑海中的印象被理解，并找到对应的匹配物。然而，当有人告诉你6234，这该怎么办呢？在你的脑海里，不会有什么确切的东西出现。在没有书写方法的情况下，一旦一个数字有点过大了，就无法引起人

---

① 口头传统指的是用口述或歌唱的方式传播如民间传说、史诗、歌谣等文化和传统，从而一代代地传递信息和本民族的历史。这种方式不依赖于文字。

们的心智表征了[1]。

事情的反转相当令人吃惊。文字在日常交流中是非常有用的，因为它能够记录、保留口语的内容。但是，当涉及数字的时候，文字就需要塑造口语的内容。在数字能够被书写之前，用来描述大数字的词语是不存在的。

然而，词语无法适用于所有情况，一旦数量变得非常大，就必须发明新的符号。这就是美索不达米亚人处理"大数量"的方法。美索不达米亚人创造了新的符号，用来指定 10、60、600、3600 或 36 000 个元素的集合。至此，我们闻到了十进制的气息，而下一个伟大的想法很快就会应运而生：按照位置顺序编排数字，而一个数字的值取决于它在数中的位置。

到了这一步，人们仍然没有到达计算的层面，但现在有条件考虑一下这个问题了。数字工具是如此之强大，以至于人们将其归于超自然属性，甚至归于魔法。人类从一个极端走到了另一个极端。对于第一代智人来说，数字是

---

[1] 人的心智常常对物体、事件和环境产生意象，比如，即使你没有真的用感官感觉到，也能回想起见过的某个人、闻过的某种味道、去过的某个地点及其相关特点等，这种意象就是心智表征，它是外在现实和知识在人们心智中的反映。

不存在的，然而对于毕达哥拉斯来说，"万物皆数"。据说，毕达哥拉斯拨动不同长度的琴弦，比较它们产生的声音，由此得出了上述结论[1]。

第二次抽象运动

数学史上的第二次革命出现在几何学领域。语源学家说得好：物体是地球的度量单位，而在当年，地球首先是古埃及人的。几何学既适用于大尺度范围——古埃及人计算出的地球周长与现代结论之间的误差小于 2%，也适用于小尺度范围，因为它也可以用来将一张莎草纸[2]分成三等份。

欧几里得让几何学变得制度化，他撰写的《几何原本》被公认为是历史上第一部科学理论典籍，全书共分为8卷，融汇了两种传统研究方法：一种是古埃及人的注重

---

[1]　毕达哥斯拉发现了琴弦定律，即在给定张力的作用下，一根弦发出的音的频率与弦的长度成反比，而且音程之比越简单，和声越和谐。在发现了声音与弦长之间的数学关系后，毕达哥拉斯将数学应用在了调音等技术上，让音乐成为一门建立在数学和科学基础之上的艺术，在音乐理论方面做出了巨大贡献。

[2]　莎草纸是古埃及人用于书写的纸张，由当年盛产于尼罗河三角洲的纸莎草的茎制成。

"实际用途"的研究方法，而另一种是更倾向于理论化的方法。后面这种方法诞生于古希腊，它为证明的思路提出了规则。

尽管欧几里得让几何学的证明变得更加系统化，但他并不是第一个提出证明方法的人。在400年前，人们认为古希腊数学家泰勒斯是率先提出几何定理的人，比如他提出，两条直线被一组平行线截断，截得的对应线段的长度成比例[①]。泰勒斯曾住在米利都（如今的土耳其），从某种程度上来说，他对几何图形做的事和美索不达米亚人对数字做的事一样——泰勒斯把几何图形从具体物体上分离了出来。月亮，一个盘子，被绑在绳子末端不断旋转甩动的石子的运动路径，这三者之间有什么共同点吗？圆的概念就来源于此。圆的属性不再取决于所讨论的物体对象。

然而，这种抽象的思维方式只有在伴随着具体测量时才有用途。比如，泰勒斯就是利用了相似三角形定理，才计算出了胡夫金字塔的高度。在太阳的照射下，当一根木棍的影子与其高度相等时，此时测量金字塔形成的阴影的长度，就能得到金字塔本身的高度。

---

① 这就是平行线分线段成比例定理。

米利都的泰勒斯造就了几何学，他勇敢地抛开了一切实际物体，直接谈论起直线或三角形，他更倾向于概括性的陈述。此外，泰勒斯对几何学的热爱最终让他自己完全脱离了数学——他被认为是世界上第一个提出关于永恒与变化问题的哲学家。

柏拉图始终奉行毕达哥拉斯学派的传统研究方法，他几乎要大胆断言："一切皆几何。"他证明仅存在5种多面体，其所有面的形状都相同：各面都是正三角形的金字塔、正方体和其他三种多面体。直到1800年后，在柏拉图强大的影响力之下，开普勒坚持认为在自己设想出的太阳系中，行星的运行轨道必须与这些多面体成比例。

第三次抽象运动

随着阿拉伯数学理念的到来，西方数学将面临第三次冲击。除了数字"零"之外，阿拉伯数学家们还带来了一些极富创意的概念，例如"未知数"，这个概念会被不朽的字母 x 代表。阿尔·花拉子米提出的理论将激起一场革命。他把解决问题的方法与问题本身分开，并对已脱离了问题本身的解题方式进行单独处理。花拉子米把数学推理放入方程式中，就这样，在算术和几何之后开创了第三大课题——代数。

在花拉子米的启迪下，无论是计算浴缸排水时间、两个车队的相遇时间，或是还清贷款的时间，其计算方法变得完全一样了。显然，代数成了不会限制研究对象的概念化工具。

随着时间的流逝，数学家们的抽象思维能力与日俱增。达朗贝尔与他的哲学家同事狄德罗共同编撰了《百科全书》，并提出了一个"波动方程"，在吉他琴弦的振动中，在潮汐现象中，甚至在今天的烤箱中，我们都会发现波动方程的身影。

在穿越历史的河流到达河岸的另一边之前，我想谈一谈贯穿各个时代的一个大问题：数学到底是被发现的，还是被发明的？

毕达哥拉斯曾被数学震惊：数字仿佛既存在于世界之中，又存在于世界之外。一年通常有 365 天，然而 365 是 10^2、11^2、12^2 这三个平方数之和，同时还是 13^2、14^2 这两个平方数之和。这不可能是一个偶然吧……

许多世纪之后，爱因斯坦仍然被数学震惊：人类创造的、独立于所有经验的数学，它是否可以很好地描述物理世界？

现在，我们来看两个简单的问题。

(1) 当我们看到 12 朵玫瑰的时候，我们涂染玫瑰色的经验是否与使用数字 12 的经验属于同一类型？

(2) 数字 1 000 000 000 在现实中通常是难以企及的，在地球上出现生命之前，这个数字存在吗？

如果你对第一个问题的回答是"否"，而对第二个问题的回答是"是"，那说明你赋予了数字一个特殊属性，即数字本身就是存在的。这样一来，数学就是被"发现"的。现在看来，这种柏拉图式的观点恐怕是大多数人的观点。对于持这种观点的人来说，数学具有一种与绘画或音乐等人类其他表达方式不同的性质。

但是，一些生物学家或认知主义者始终捍卫另一种观点。对于他们来说，数学是被"发明"的，而且数学仅是一种语言。几百万年来，人类观察自己的双手和双脚，这个行为让从"一"到"十"的数字慢慢出现，以此类推，人类又发明了其他数。但是，连把 4 和 3 相加都不会的四岁小孩们却能把自己的母语说得几乎没有任何错误，这又该如何解释？又是从什么时候开始，数学真理变成了真理？

数学到底是被发现的，还是被发明的？这是一个关键问题。因为，假如说数学是被发现的，这就如同承认了上帝以自己的形象创造了人，而另一种观点则与此恰恰相反！

因此，数学是被发现的，还是被发明，这个问题不再是一个数学问题……

最美的逻辑故事

数学的诞生无法与某个具体地点和时间联系起来，更不用说某一个特定人物了，但是，逻辑却是有可能的。逻辑学的诞生地在希腊，时间大约在公元前350年，而亚里士多德是有史以来最伟大的逻辑学家之首。尽管逻辑学与数学完全出生在不同的境遇中，但一个共同点却将逻辑学与自己的近亲——数学联系了起来，那就是抽象的意愿。

第四次抽象运动

事实上，在几何学出现之后的一千年（但仍早于代数诞生一千年），第四类分支就产生了，它帮助人们开创了同样具有革命性的学科。当我们说到"逻辑学"时，事实上，我们所说的是形式上的逻辑学，一种仅基于形式来验证某种推理的科学，而不是基于文字所承载的意思或意指。逻辑学通过分析引出语句的一系列命题来确认一个结论为真。

最初，逻辑学可以被定义为一门如何学习"因此"这个词的正确用法的科学。亚里士多德是第一个尝试将推理形式化的人，他将之称为"三段论"。在亚里士多德看来，命题是一个推理的基本元素，语句采用"A 是 B"的形式，语句可以为真或假。因此，命题是逻辑学的基石，就好像点是几何的基本对象，而数字是算术的基本对象。

假设人类的推理就是三个连续命题，这就是三段论理论的起始。命题可以采用以下形式：

A 是 B

B 是 C

因此，A 是 C。

三段论一共有 256 种形式，而亚里士多德证明，它们当中只有 19 种是有效的。

毫无疑问，亚里士多德干得十分漂亮。但是，三段论从一开始就是一个自我封闭的理论，既没有可能存在的研究领域，也没有可期待的新结果。这是一个矛盾，三段论是一个天才的理论，却注定要夭折。它长期被束之高阁，直到康德的出现。但事实上，三段论仅涵盖了人类推理的一小部分！

三段论排列出三个命题，第三个命题即合乎逻辑的结论。按照选定的顺序，同样的三个命题会导致三种不同类型的推理，按顺序分别是：从一般到特殊、从特殊到一般、从特殊到特殊。让我们来仔细看看。

(1) 演绎法

这条街上的所有房子都很漂亮。

这座房子在这条街上。

这座房子很漂亮。

在数学上，演绎法有着广阔的用武之地，欧几里得的《几何原本》就是以演绎法为基本理论。的确，数学与逻辑学这两个相似学科之间的距离永远不会太遥远。在这部整整 8 卷的鸿篇巨著中，欧几里得从五大公设① 中推演出

① 欧几里得在《几何原本》中提出的五大公设是：公设 1，任意一点到另外一点可以画直线；公设 2，一条有限线段可以继续延长；公设 3，以任意点为中心，以任意距离可以画圆；公设 4，直角都彼此相等；公设 5，在同一平面内，如果一条直线和另外两条直线相交，且在某一侧的两个内角之和小于两直角之和，则这两条直线在无限延长后将在这一侧相交。

了数百个几何定理。演绎法的范式令人印象深刻，因此长期保持着不可撼动的模范地位。长久以来，智力从本质上也被视为演绎逻辑过程，人们甚至推测可以对"智商"进行测量。

对于柯南·道尔来说，夏洛克·福尔摩斯的天分就源于对这种思维方式的全面掌握，所以他的第一本推理小说中的第二章就被命名为《演绎科学》——每一位自尊自重的侦探都应该掌握这门学问。

所幸，今天人们已经意识到，智力拥有许多形式，彼此之间还会相互影响，我们将会在本书第三部分中看到。

诚然，在数学中，演绎法能帮助数学家得出一个定理，但是，所有命题已经以某种方式包含在初始假设中了。演绎法揭示了被隐藏的东西，能帮助人们去发现，而不是去发明。演绎法指明了逻辑等价，并用一条等价替换几条等价。然而，人们过去突出的是重言式 [①] 的特性，也就是说，命题永远为真。而这些只是一般性假设中的特例。

---

① 又称"永真式"，假设一个公式在任意解释下的真值都为真，就称之为重言式。

(2) 归纳法

这座房子在这条街上。

这座房子很漂亮。

在这条街上所有的房子都很漂亮。

如果说，演绎法是从一般性假设中得出特定的结论，那么相反的方法也是存在的——归纳法旨在基于特定的经验之上，建立一个一般性法则。在 16 世纪，弗朗西斯·培根将其变成了科学方法的工具。这位英国哲学家撰写的《新工具论》一书中就早已显现针对亚里士多德的反对观点。按照培根自己的话来讲，他的假设理论就是为了对抗这位古希腊哲学家的《工具论》，而后者就是让科学脚步停滞不前的罪魁。

于是，我们有了两种推理方式：演绎法将成为数学工具，归纳法将成为基于经验的科学研究工具。但就目前阶段而言，归纳法把问题看得过于简单了。

就连柯南·道尔也在《萨塞克斯郡的吸血鬼案》中不得不承认，归纳法必须面对事实的挑战，时不时地也要接受其他假设。所以，欧几里得的《几何原本》有点过于基本了，我亲爱的华生！[①]

在数学中也会使用归纳法，而且人们有时把它称为"数学归纳法"[②]。但是，陷阱永远不会太远，在"圆的内接多边形的边和对角线可将圆分割的最大数量"这个著名的问题中，数列从 2、4、8、16 之后突然接着的是 31 ！

(3) 溯因法

这座房子很漂亮。

在这条街上所有的房子都很漂亮。

这座房子在这条街上。

溯因法原本是归纳法中的一个特例。亚里士多德没有特别关注过这种方法——这就奇怪了，因为溯因法是一种比归纳法或演绎法更普遍的推理方法。这是一种"制造假设"的形式，直到桑德斯·皮尔士缔造了符号学，才开始有人仔细研究溯因法。

---

① 《这是基本的，我亲爱的华生》(*Elementary, My Dear Watson*) 是一部英国喜剧电影，这句话成了福尔摩斯对华生说的一句名言，但这句话其实并不在柯南·道尔的小说中，只是书迷们的杜撰。

② 这种数学证明方法通常用于证明在整个（或局部）自然数范围内，某个命题成立。

如上述例子所示，溯因法引领我们从特殊到特殊，它从房子的一个特点（漂亮）出发，接着又提出另一个特点（在这条街上）。溯因法唤醒了人们的直觉和创造力，它有着神秘的一面，当然也有逻辑的一面，但这是一种只能通过事后归纳才能理解的逻辑。

我们将更进一步探索溯因法。今天，认知主义将其更名为"贝叶斯推断"，以此向伟大的数学家托马斯·贝叶斯致敬。但是，我们不要前进得太快。

华而不实的三段论

亚里士多德的方法妙不可言。不过，他的方法从一开始就注定要失败了，因为太多有效的推理无法利用三段论的简单规则，将三个连续命题连贯起来表达。下面列举四个例子。

例一　逻辑学家奥古斯都·德摩根给出了以下推理。

大多数环保主义者是素食者。

大多数环保主义者都投票支持左翼阵营。

因此，某些素食者投票支持左翼阵营。

上述这个推理是一个有效的推理，但它没有遵守三段论的规则之一，即三个命题中至少有一个是具有普遍性的，比如，"人固有一死"或者"没有人会飞"。

德摩根是一位对数学充满热情的逻辑学家。当人们问起他的年龄时，他总是回答："我在公元 x^2 年时是 x 岁。"如果我告诉你，他生活在 19 世纪，按理你应该能够推断出他生于 1806 年……

例二　以下推理也是如此。

鸟类属于动物。

因此，鸟类的头属于动物的头。

这个推理是正确的，但它建立在类比关系之上，这显然不够严谨。

例三　某些命题包含三个甚至更多的关系。接下来的两个推理都是正确的。其中一个使用了连词"或"，另一个使用了连词"并"，但我们无法把它们写成三段论的形式。

房子是用木头或用砖块建造的。

房子不是用木头建造的。

因此，房子是用砖块建造的。

大多数工程师喜欢音乐。

大多数工程师拥有人寿保险。

因此，有些工程师喜欢音乐**并**拥有人寿保险。

例四 有很多涉及各种关系的正确推理，比如以下两个例子。

古代文明在中世纪之前。

中世纪在文艺复兴时期之前。

因此，古代文明在文艺复兴时期之前。

玛露西亚是苏菲的女儿，

因此，苏菲是玛露西亚的妈妈。

然而，处处都是陷阱……其实，正如无论证明什么都会存在风险。

我和我的弟弟不在同一座城市。

我的弟弟和我的妹妹不在同一座城市。

因此，我和我的妹妹不在同一座城市。

……并且，风险会随着词汇量的增加而增加。

我的睡衣可以放进抽屉里。

我可以穿进我的睡衣里。

因此，我可以进入到抽屉里。

阿尔贝·加缪在《西西弗的神话》一书中写道："想合乎逻辑总是容易的，但是想从头至尾一直都合乎逻辑几乎是不可能的。"或许，亚里士多德也想到了同样的事情，却不敢承认这个事实。

有缘无分，只因意气不相投

———哪个月有 28 天？

———所有月份都有！

莱布尼茨，两条大河的交汇之处……

在数学上，人们使用数字和数量；在逻辑上，人们却不使用这些符号。两套符号之间有很大不同，而且两大学科的区别也不止于此。符号在数学中很常见，全世界的人都知道，加法符号为"+"，但是，逻辑符号却没有统一的标准，比如，至少有三种不同符号可以表示"非"。当两人争论得不可开交时，他们会经常说："我们的逻辑不同。"但从来没听人说过："我们的数学不同。"数学与语言无关，逻辑却并非如此。

但是，这两个相似的学科也有着许多共同之处。比如，它们都会构建定理，都试图追踪错误，都把严谨作为基本价值。两者都具有绝对维度，因为一个论证既不依赖于时代，也不依赖于研究者的国籍。

临近 20 世纪，本该在数学领域发生的事情，却在逻辑上发生了。一个伟大的思想家，戈特弗里德·威廉·莱布尼茨梦想合并这两大学科。其实在真正意义上，他并不是第一个有此想法的人。早在中世纪，出身加泰罗尼亚的神学家雷蒙·吕勒曾撰写过一本《大术》(*Ars Magna*)，书中试图用第一原理①来描述所有事情。然而，奥卡姆的威廉或托马斯·霍布斯等哲学家则希望创造一种通用的语言，并深信，世上应该存在一种对所有形式的思想都通用的逻辑框架，无论研究对象是不是数学。

但是，莱布尼茨最终为这一梦想提供了力量，找到了前所未有的统一方法。他的梦想激励着一代又一代各种各样的研究者，从乔治·布尔到伯特兰·罗素，直到库尔特·哥德尔用两个残酷的定理打破了所有人的美梦。但是，我们先不要行进得太快。

身在古希腊宇宙学和中世纪神学的交汇处，莱布尼茨

---

① 在哲学和逻辑学中，第一原理指的是最基本的命题或假设，既不能被省略，也不能被违反，其地位相当于数学中的公理。

是一个不寻常的人物，他一生的传奇令人难以置信。莱布尼茨有着百折不挠的乐观精神，自从在20岁那年离开了大学，没有任何事情能阻止他前进的脚步。莱布尼茨或许是世界上最后一位真正的思想家——他想要知晓一切，了解一切行业，学会所有语言。

莱布尼茨的传记会让你头晕目眩。他对生物学、法律、音乐、地质学、政治学、物理、神学、历史，甚至钟表业都感兴趣。莱布尼茨尤其热爱数学。他与牛顿同时发明了微积分。除此之外，他也是创立二进制体系和集合论的先驱。莱布尼茨设计了一台齿轮计算机，比布莱兹·帕斯卡设计的机器要复杂得多。在胡椒磨粉机的启发下，莱布尼茨的机器工作起来就像一个磨坊。直到1948年，小型科塔（Curta）计算器仍在应用这一原理。科塔计算器是最后一代机械计算器。现在，在比利时的新鲁汶博物馆仍可以看到几台这类经典的机器。

莱布尼茨同样也喜爱逻辑学。在维特根斯坦出生之前300年，莱布尼茨坚信，人类的不幸和生活中的种种磨难全部来自语言。所以，他梦想创建一个在逻辑上正规化的通用语言，这种通用语言将会让争议消失。他说："所有推理都归结为两种心灵活动，即加法和减法……"莱布尼茨的梦想是同时建立人类思想的字母表和算术方法，如此一来，计算一种论据就如同计算一个球的体积一样。莱布尼茨在《论组合术》(*De arte combinatoria*)中描绘了所有基本概念，这还激发了巴赫的音乐灵感，后者创作了"赋格曲"[1]。

但是，莱布尼茨对哲学的热爱高于一切，哲学让他在所有学科之间建立了联系。莱布尼茨是现代思想无可争议的先驱，他提出了一种对世界全面、系统的解释。他说，从沙粒到整个宇宙，没有任何一个元素可以被独立地考虑。因此，没有数学就无法思考逻辑学，反之亦然！

一切都是有联系的，一切都是相互依靠的。然而，"一切"又是如何联系在一起的呢？它们又如何与各方各面相互作用的呢？莱布尼茨找到了一种全面而新颖的答

---

① 赋格 (fuga)，又称"遁走曲"，是一种复调音乐体裁。赋格曲的结构比较规范，一般分为呈示部、中间部和再现部三个部分。乐曲在开始时需要以单声部形式陈述贯穿全曲的"主题"，在其他声部模仿主题声部的是"答题"，主题与答题形成对位关系的旋律是"对题"。主题和模仿主题的答题在不同声部交替出现、在不同音高和时间进入，以对位方式组织成旋律。

案，他将这个答案命名为"单子论"，单子论是将科学和哲学联系在一起的内在联系[①]。因此，世界是由无数单子组成的，然而，每一个单子又代表着整个世界。在某种程度上，单子可以说是"形而上学"的原子，也就是今天不断被人类发现的基本粒子的雏形。

莱布尼茨信仰上帝，对于他来说，这是宇宙和谐唯一的可能解释。诚然，上帝没有创造一个完美的世界，但是在各种无限可能的世界里，他已经做出了最好的选择。伏尔泰对这种天使般的乐观主义精神大肆嘲讽了一番，将莱布尼茨化作笔下《憨第德》中的潘葛洛斯博士[②]。

其实，莱布尼茨比任何人都现实。他想建设欧洲，希望看到世界演化成一个网络。法国当代哲学家米歇尔·塞尔在 2011 年接受《哲学杂志》的采访时说："互联网，它其实来自不谈论上帝的莱布尼茨。"

---

① 莱布尼茨认为，单子是独立、封闭、不能分割的精神实体，是构成世界和表象事物的最后单位。然而单子并不孤立，它们通过感觉或灵魂而发生相互作用，每个单子都反映并包含着整个宇宙。

② 伏尔泰为了讽刺莱布尼茨的观点而专门写了小说《憨第德》，主人公憨第德的老师潘葛洛斯是莱布尼茨的信徒，相信一切都是自然的安排，是协调而完美的。但是憨第德对老师的观点产生了怀疑，指出这不过是维护旧制度和旧礼教的谎话。

莱布尼茨想将物理、数学、逻辑学和哲学结合为一体，所以，他或许会喜欢这个小故事。

一位工程师、一位数学家、一位逻辑学家和一位哲学家一起在苏格兰旅行。他们走在一条路上，栖息在悬岩上的一只黑山羊看着他们路过。

"你们看到了吗？"工程师说，"在苏格兰，山羊都是黑色的！"

数学家反驳道："可能你想说的是：有些苏格兰山羊是黑色的。"

逻辑学家补充道："先不要妄下结论。我们只能说：苏格兰至少有一只黑山羊！"

最后，哲学家总结道："我们唯一能真正确定的是：在这个地方的这只山羊是黑色的！"

伯特兰·罗素宣称，亚里士多德的逻辑一无是处

戈特洛布·弗雷格是率先把炸药装入亚里士多德的逻辑堡垒的人之一。然而，他的出发点却不是推倒这座历史的丰碑——弗雷格本不想这样做，确切地说，他的研究源自一个纯粹的数学问题，因为那才是他的

首要工作。

弗雷格认为，欧几里得的《几何原本》遵循典型的假言推理①思维，比如在平面和空间中，关于线和点的五个公设是从 8 卷书里各种各样的论证中引出的。有一天，弗雷格突然想到：为什么算术就不一样呢？为什么算术不能像几何学一样，从一些最初的公设中推导出数和计算的科学呢？为什么不能通过基本的 10 个数字组合和四则运算（加法、减法、乘法、除法）建立起一个完整、结构化、严谨的系统呢？

于是，弗雷格决定成为算术界的欧几里得！但是，此举最终以残酷的失败告终了。人们等来的大规模"数学"杀伤性武器，称为"罗素悖论"。我来简单解释一下。

存在两种类型的集合。

(1) 集合本身是集合中的元素。一些事物的集合是一个事物，比如，红色事物的集合是红色。同样，非数字的集合不是一个数字。这类集合本身也是集合中的元素。

---

① 根据假言命题（形式为：如果 A，则 B）的逻辑性质进行的推理就是假言推理，共有三种逻辑性，即充分条件假言推理、必要条件假言推理和充分必要条件假言推理。

(2) 但还有其他情况，比如，一些椅子的集合并不是一把椅子，一些恒星的集合不是一颗恒星，一些数字的集合也不是一个数字。这类集合本身不是集合中的元素。

现在，以第二类集合的集合为例，这些集合不是其本身中的元素。那么，这样的集合是否属于自己的一部分？如果这不成立，则答案应该是肯定的；如果这成立，则答案是否定的[①]。

弗雷格无法解决"罗素悖论"，他意识到，自己的研究失败了。

但是，罗素同样也失败了！在 1919 年，罗素曾充满激情地写道："逻辑学是青年时的数学，而数学又是成年时的逻辑学。"这位英国贵族坚信，不可能在两个学科之间划出明确的分界线。然而他大错特错了。

哥德尔证明，罗素是在浪费时间

当哥德尔发表了他的两个"不完备性定理"时，罗素

———————

① 如果该集合不属于自己的一部分，则其中的元素不属于该集合，则该集合理应属于其所属的集合；如果该集合属于自己的一部分，则其中的元素属于该集合，则该集合就不再属于其所属的集合。

不得不承认自己失败了。换句话说，当哥德尔证明了"真实的"和"可验证的"是两个截然不同的东西时，一个系统再也无法自我确定是否具有逻辑性，也无法确定自己是否具有完备性。

哥德尔的证明方法非常复杂，但有以下方法，接近真正的证明方法。

取两个语句：

(1) 三角形内角和为 180°；

(2) 正方形的内角和为 270°。

这两个声明表达得很清楚，而且使用的是数学语言中已知的概念和符号。但是，(1) 为真命题，而 (2) 为假命题，因为正方形的四个内角（都是直角）之和为 360°。这种差异可以通过其他两个语句来表达。

(3) (1) 是正确的。

(4) (2) 是错误的。

与前两者不同的是，语句 (3) 和 (4) 既没有使用数学语言中的统一概念，也没有使用数学语言中已知的符号，它们"讲述"了与数学有关的语句，但这是截然不同的东西。人们把这种语句归为"元数学"①范畴。

你也许会问我，这样区分有什么好处？有这个必要吗？答案是肯定的。这也是哥德尔的工作的出发点。他有一个绝妙想法——可惜，我们无法在这里展开说明——使得语句能够以数字的形式被阐述。于是，数学突然间有了一个用来表达自己的工具。让我们从一个给定的定理中提取出新的语句，一起来检验一下。

(5) 在定理中无法对 (5) 加以证明。

于是有两种可能的情况：

• 要么可以证明 (5)，但是，由于语句说明的情况与此相反，因而定理不具有逻辑的严密性；

• 要么无法证明 (5)，因而语句为真，但这意味着，定理不具有完备性。

难题就摆在这里！要么定理站不住脚，因为它的一个语句是错误的，也就是说，定理没有涵盖一切。要么定理缺乏条理，也就是说，它不具有完备性。

---

① 元数学（metamathematics）是用来研究数学本身和数学哲学的一门学科，它将数学作为人类意识和文化客体，其目的是消除数学自身存在的矛盾性，分析某些数学要素在任意的数学系统中是否都是可证实或证伪的。

　　语句 (5) 只是埃庇米尼得斯那个著名的悖论"所有克里特人都是骗子"的现代版——埃庇米尼得斯虽然这么宣布了，但他自己就是克里特人，如果他说的是真的，那么既然他也是克里特人，那说明他也是个骗子，他的话就不可信；而如果他说谎了，那么就印证了"所有克里特人都是骗子"这句话，那说明他所言为真……

* * *

　　逻辑学和数学对计算机科学的发展起了决定性的作用，计算机科学也做到了知恩图报。分形几何就是一个很好的例子，数学家在计算机上通过大量的迭代处理，最终实现了分形几何的模拟。曾在 IBM 长期担任工程师的本华·曼德博创建了分形几何。

　　他的出发点令人惊讶。取一个数——至于是哪个数并不重要，通过应用以下规则来构建第一项为零的序列，每一项等于前一项的平方再加上最初选择的数字。

　　如果最初选择的数字是 3，那么这个数字给出的序列为 $0, (0^2 + 3), (0^2 + 3)^2 + 3, \cdots$ 计算结果即为 $0, 3, 12, 147, \cdots$ 以此类推。

　　然而，如果最初选择的数字是 -1，这个数给出的序列依次为 0, $(0^2 - 1)$, $((-1)^2 - 1)$, $((-1)^2 - 1)^2 - 1$, …计算结果即为 0, –1, 0, –1,…以此类推。

因此，根据初始数字的不同，有两种可能情况：要么序列激增，而且数迅速变大；要么序列停留在一个有限的区域里，正如 –1 的情况一样，序列在 0 和 –1 之间来回摆动。

你也许好奇，曼德博为什么会对这些序列感兴趣？难道是因为这个规则貌似非常简单，却能够打开"复杂性"世界的大门？有时，伟大的数学家的天赋在于找到答案，但有时，他们的天才之处在于有着更敏锐的直觉，能够感觉到哪些问题可能是成千上万个其他问题的载体。

当被问及"布列塔尼海岸有多长"时，曼德博回答说：这取决于你是谁！对于一个驾驶汽车的司机、一个步行者、一只兔子或一只蚂蚁来说，这个距离每次都会变得更长。蚂蚁很难跨越任何东西，它必须绕着哪怕是最小的弯路前行。如果你的眼力够好，可以在我们的历史简图中看到它。

创造力似乎是无限的。正如吉尔·多维克所说，数学模型已经成为人类学家的眼镜。借助互联网的能力，人们能分析迄今无法用肉眼分辨的现象，互联网之于人类的重大意义就如同伽利略的望远镜之于天文学的意义。如今，人类拥有了一种方法，可以观察诸如社会互动等现象。但是，这里存在一个巨大的区别。当伽利略观测月亮的时候，他的行为对月亮并没有产生任何影响。但是，当我们在互联网上浏览时，会留下自己的痕迹，这就是所谓的"cookies"，即某些网站为了识别用户身份而储存在用户本地终端上的加密数据。结果，社会科学将更接近于量子物理学，观察会干扰被观察的系统……

数学解释了当今世界的很多问题，但同时也改变了世界。

插曲一
数学的乐趣

一半的人低于平均水平。

法国文豪维克多·雨果对于学习古希腊和拉丁文化的人文学科，没有留下太好的回忆。在《关于贺拉斯》（*À propos d'Horace*）一诗中，诗人甚至对自己的古典语言老师横加痛斥：

"贩卖古希腊的商人！贩卖拉丁文的商人！
这群书呆子！这群暴脾气！庸俗而迂腐的老夫子！
我厌恶你们，老学究！"

但显然，他的代数老师也没给他留下什么美好的记忆：

　　"在令人生厌的 x 和 y 的绞架上，

　　他们折磨我，从我的翅膀直到我的喙。"

　　雨果是一个天才，但他不喜欢研究死气沉沉的语言，更不用说数学了。这则轶闻应该让那些因学习文学或科学而倍感痛苦的学生们得到一丝安慰。

　　但如果说，雨果当年在学校饱受了煎熬，那可能是因为人们让他误解了一些事情。人们常说，孩子"不理解这个问题"，其实更恰当地应该说，孩子"不理解这门课"。情况通常会是这样的，一个孩子在算术课上学到了 $3/10 + 4/10 = 7/10$，然而，他却惊讶地得知，两道 10 分题分别拿到 3 分和 4 分后，最终总成绩却等于 $7/20$！

　　因为定义，数学有时变得难以理解。为了让数学变得有趣，应当把它与其他学科联系起来，让它在人性、日常生活、文化和人文修养中深深扎根。这该怎么做呢？其实有很多途径。

　　例如，我们可以不用计算就做数学！这听起来可能很奇怪，但是有可能的，甚至是非常可取的。有时，公式之于数学就如同语法之于语文，它们反而会阻碍人们看到学科的美感与和谐。例如，我们试图证明 $1/3 + 1/9 + 1/27 + \cdots$ 的总和是 $1/2$，但这里我们不用计算，而是使用一些木棍，将其截断，长度与上述序列中的分数一一对应。让我们从把一根木棍切为 3 段开始，留下 $1/3$，扔掉 $1/3$，然后将余下第三个 $1/3$ 的棍子再一分为三，由此制出 $1/9$ 长的棍子，以此类推。最终我们发现，为了达到结果，我们会保留一半的棍子而扔掉另一半。证毕！

数学难题提供了一个机会，让我们能更好地理解人们是如何思考的。难题揭示了我们的认知偏差，激励我们去创造。那些少量的计算其实是次要的。我们再来看如下一些例子。

如果你让某人迅速给出乘积 $2 \times 3 \times 4 \times 5 \times 6 \times 7 \times 8$ 的数量级，他会给出一个数。但是，如果你让他以同样的速度迅速估计乘积 $8 \times 7 \times 6 \times 5 \times 4 \times 3 \times 2$ 的数量级，他可能会给出另一个比之前大很多的数。为什么会出现这种情况？两者的结果显然是一样的。

你可以再问问他：把正方形切成四个相等的部分，有多少种不同方法？他也许能提供 3 个、4 个或 5 个解决方案，然后就此止步了。尽管事实上有无限种可能。

你还可以问问他，在一个有 64 位参赛选手的网球公开赛中，总共有多少场比赛要比。他可能会开始罗列：一场决赛、两场半决赛、4 场四分之一决赛，如此等等。然而，比赛的场数其实永远等于参赛选手的人数减去 1。事实上，经历一场比赛就会淘汰一名选手，而在一场公开赛中，除了一名参赛选手（冠军）之外，其他人都会被淘汰。因此，最终将会进行 63 场比赛。

想在数学中找到乐趣，我们必须先了解数学，同时，也必须"看到"数学。我们当然可以计算出行星的轨道，但也应当看到太阳的大小是地球和月亮之间距离的 4 倍，太阳无法从两者之间穿过，看到足球是五边形和六边形的组合，看到将自行车前灯的光线被调整至水平后，光在地面上打出了双曲线……

最后我想说，我们应当以笑对之。伯特兰·罗素花了 10 年时间尝试调和逻辑学和数学。毫无疑问，罗素能坚持下来，还多亏了他的英式幽默。有一天，有人问他如何定义数字 2。他回答："2 就是一对雏鸡和两个耳光的共同之处……"罗素应该对下面的笑话很感兴趣。

- "毕达哥拉斯－爱因斯坦"定理的公式为：$E = m(a^2 + b^2)$
- 在梵蒂冈，每平方公里有 2.3 位教皇。[①]
- 在数学上遇到困难了？请致电 0–800–sin(30°)7³cos(π)(2.75)²
- 问：How many seconds are in a year？

  答：Twelve! January 2nd, February 2nd...[②]

而罗素或许最喜欢世界上最短的数学笑话——最短，但不是最容易理解的！

- 设 $\varepsilon < 0$[③]

为了继续享受数学的乐趣，请读者尝试做两个练习（参见附录答案 1 和答案 2）。

---

① 梵蒂冈的国土总面积不足 0.5 平方公里（约 0.44 平方公里），而且只有一位教皇，所以每平方公里就有两个多教皇。

② second 在英语中兼有秒和每月 2 号的意思，问题应该问的是："一年中有多少秒？"但回答却是："12 个，因为有 1 月 2 号、2 月 2 号……"

③ 在数学中，ε 用来表示一个小正数，所以它不可能小于 0。如果不明白这个符号在数学中的含义，就无法理解笑点了。

(1) 假设有 6 个砝码，分别重 2、3、5、7、9 和 10 公斤，你必须将其中 5 个放在天平上并保持平衡。问哪个砝码没有被使用？

(2) 如何证明 0.99999999999⋯ = 1 ？

第二部分

三座丰碑

在数学中，我们永远不会理解所有的事，但会习惯它……

——约翰·冯·诺依曼

托马斯·贝叶斯，真正的互联网巨星

假设我们在曼哈顿。如下图所示，A 和 B 二人都住在一条大道和一条小街的交叉点上，他们同时决定去对方家拜访。两个人以相同的速度前进，并随机取三条最短路径中的一条。那么，他们相遇的概率是多少？ 1/3 的机会？并非如此（见附录答案 3）。

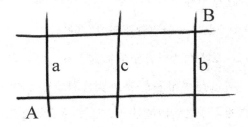

这样的练习题还有很多，它们展现了帕斯卡创建的"随机几何"的高难度。这些问题大多以如下方式提出：由于某种原因（两个人同时离开自己的住宅），产生某种

结果（这两人在中途相遇）的概率是多少？

但在互联网世界中，这种类型的理论并不是很有用。因为大数据是用户留下的各种痕迹，是他们查阅、比较、购买等行为的记忆。简而言之，大数据是消费者的所有行为产生的巨大"结果"。然而从商业角度上来说，在获得"原因的概率"后，尝试了解消费者为什么会做出这样或那样的行为，就十分有意义了——这就成了有价值的信息。

如果一位用户在佛罗伦萨预订了一家酒店，他有多大概率是在电影中、在报纸上、在某家在线预订的网站上看到广告之后，才决定订了这家酒店？又或者，他仅仅是因为自己曾在这里住过？这就是"溯因法"推理方法（详见第一部分），也是一种"制造假设"的方式。

今天，互联网能极为精准地为大家推荐书籍、制定假日计划。算法已经准备好要改变你日常生活中的方方面面。算法的野心之所以能达成，还多亏了苹果公司联合创始人史蒂夫·乔布斯和亚马逊创始人杰夫·贝佐斯这样的企业家们。但是，我们不要忘了感谢像图灵和香农这样的科学家，早在计算机诞生之前，他们就设想了计算机技术。这里，我想讲述一个令人惊叹却又略显陌生的人物——托马斯·贝叶斯。

在 1761 年 4 月去世之时，这位英国神学家和哲学家留下了一些未完成的论文，其中一篇文章的题目是《关于如何在机会论的框架下解决问题》（*An essay towards solving a problem in the doctrine of Chance*）。多亏了他的一位同样不知名的朋友理查德·普莱斯的努力，这篇文章在两年后传到了英国皇家学会手上。

在这篇论文中，贝叶斯采取了与帕斯卡截然相反的做法，并提出了一种思考偶然性的方法。这种方法与数字环境非常吻合。在 300 年前，人们证明了贝叶斯的公式，而这个公式最终被用于互联网的算法之中。事实上，这个公式能逻辑地表达学习的过程。

让我们从一个小问题中解读这一公式。

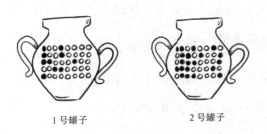

1 号罐子   2 号罐子

想象一下有两个相同的罐子（如上图），每个罐子里装有 40 颗石子。1 号罐子里装了 30 颗白色石子和 10 颗黑色石子，2 号罐子里装有黑白石子各 20 颗。假设随机拿起一个罐子，并从这个罐子里随机取出一颗石子，且这颗石子是白色的，那么这颗白色石子来自 1 号罐子的概率是多少？

从直观上来说，有人会认为这颗白石子更有可能来自 1 号罐子，因为 1 号罐子中的白色石子占比更大。但是，这个概率究竟是多少呢？

为了确定这一概率，我们首先计算这颗石子是白色且来自 1 号罐子的概率。有两种方法可以达到目的。

(1) 已知被选中的石子是白色的，用获得白色石子的概率乘以选择 1 号罐子的概率；

(2) 已知白色石子来自 1 号罐子，用选择 1 号罐子的概率乘以获得白色石子的概率。

如果我们称 A 为 1 号罐子的假设，B 为白色石子的假设，(1) 可表达为 $p(B).p(A|$ 已知 $B)$，(2) 可表达为 $p(A).p(B|$ 已知 $A)$。

两种方法能得出相同的答案，这只是解决同一问题的两种不同方式。因此，我们可以写成 (1) = (2)，即：

$p(B).p(A|$ 已知 $B) = p(A).p(B|$ 已知 $A)$

让我们回到最初的问题上。假设随机拿起两个罐子中的一个，从这个罐子中随机取出一粒石子，且这粒石子是白色的，那么，这粒白色石子是来自 1 号罐子的概率是多少？答案呼之欲出。

$$p(A|\text{已知}B) = \frac{p(B|\text{已知}A).p(A)}{p(B)}$$

我们应该把这个公式归功于托马斯·贝叶斯。其定理的证明几乎是瞬间完成的，而且更令人印象深刻的是，其结果带来的影响近乎是无穷的！但我们先不要性急，先回到刚才的问题上来，计算一下等式右边的三个概率。

- $p(B|$ 已知 $A)$ 在叙述中已经给出，即 75%，因为在 1 号罐子中有 3/4 的石子是白色的；

- $p(A)$ 在叙述中同样也已经给出，即 50%，因为罐子的选择是随机的，机会是一半一半；

- $p(B)$ 确定起来有一点复杂，因为有两种不同方式可以获得白色石子。

由于两种假设是互不相容的，因此必须将在假设 A 中获得 B 的概率以及在非假设 A 中获得 B 的概率进行相加。前者的概率为 30/40，即 75%，后者的概率为 20/40，即 50%。

因此，$p(B)$ 的概率为 50% × 75% + 50% × 50% = 62.5%

现在，最初的问题找到了一个答案，白色石子来自 1 号罐子的概率为：

$$p(A \,|\, 已知B) = \frac{75\% \times 50\%}{62.5\%} = 60\%$$

换句话说，在看到石子的颜色之前，在 1 号罐子中取出某种颜色的石子的概率为 50%，一旦知道石子是白色的，概率就会上升到 60%。计算不仅证实了我们的直觉，而且还给我们的直觉一个确切的价值。

这是一个非常简单的例子，但它有着极强的教育意义，它让我们开始理解什么是"贝叶斯哲学"的基础。这很重要，因为直觉并不总是最好的顾问。

我们需要聚集多少人，才能让"有两个人的生日在同一天"的概率大于 50%？不需要过多思考也能知道，答案差不多应该在 50 人到 100 人之间摇摆。事实真的是这样吗？（见附录答案 4。）

贝叶斯网络

今天的算法要考虑大量的信息，而贝叶斯的启发式方法通常会被模型化，变为连接一系列事件的网络。每个网格估计一个可能的因果关系，这样就可以将概率推理应用于不确定的知识领域。

因此，贝叶斯网络是一个有条件的依赖性图形化网络，其中，一个概率被分配给几个初始变量，并由此推及所有箭头所指的事件。无论发生任何事件时，这一网络都能给出最可能的解释，然后更新全部概率。

让我们用一个日常生活中的简单例子来阐述这个问题。如何解释你家的草地是湿的？发生这一事件的概率网络如下所示。

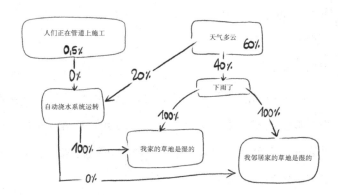

  这种情况包含 6 个变量，每个变量都可以取数值 0 或 1，表达自动浇水系统运转与否，道路上有施工与否，等等。

  同时，问题也给出了几组概率。

- 初始变量的概率：有 60% 的机会遇到多云天气，每年 2 次关闭街道上的管道，等等。

- 每个网格的概率：如果遇到多云天气，有 40% 的可能会下雨；如果下雨的可能性为 100%，那么我家的花园和邻居家的花园都应该是湿的；有 20% 的可能是浇水系统运转了——尽管这天不是晴天，但是，我家的浇水系统触及邻居家花园的可能性为 0，等等。

网络就这样自我完善了，它可以用来计算其他相关变量的概率。举个例子，多云的天气就有下雨的风险，这时就需要再乘以"多云转雨"的概率，即 $60\% \times 40\% = 24\%$。今天，只要出现新的信息，贝叶斯网络就可以立即更新所有概率。

想象一下，现在正处于夏天，你一早醒来发现自己家的草地湿了。在这里，我们再次面临同样的问题：对于一个给定的结果，导致该结果的原因的概率是多少？是下雨了？还是你家的浇水系统运转了？或者两者都发生了？

发现草地是湿的，就等于给相应变量分配了 100% 的概率。然后，网络重新计算所有其他参数。如果你注意到街道上有施工，那么，网络的所有数据都会改变。

理论的阴谋

自从计算机科学诞生以来，贝叶斯网络催生了大量文献。人们利用贝叶斯网络为社交活动和金融市场中的行为建模，在医学和计算机科学中，我们也能找到它的身影。

以医疗、健康领域为例，贝叶斯网络需要量化的参数就是风险系数、疫苗接种率、症状、感染的程度、检查结果，等等。然后，网络会估计患者罹患某种疾病的可能性。

在现实生活中，不是什么事物都能被真正量化，因此，不是什么都可以被计算。如果一个人在亚马逊订购了一本书，这可能是因为网站的算法向他提出了购买建议。然而，这个人也可能是在报纸上读过一篇与图书有关的文章，或者是一位朋友曾经向他提到过这本书。或许，他对这本书根本不感兴趣，只是想把它当作礼物送人……甚至有可能是他买错了！在日常生活中，人们并不总能详细地划清概率的范围，但是，贝叶斯网络仍是有用的模型。

更重要的是，我们经常在无意识的情况下利用贝叶斯定理，即使手中没有任何数据可用。

当一名政治人物发现自己最近很少接到记者的电话时，他可以推断自己的声望在降低。然而，让我们再一次好好考虑这个问题，产生的原因和结果到底是什么？在政治人物"声望下降"的假设下，"记者打电话的次数变少了"的概率要高于在"记者打电话的次数变少了"的假设下政治人物"声望下降"的概率。然而，记者们确实可能被与政治无关的新闻所吸引。

这种混淆常常被称为"阴谋论"。因为，一个阴谋导致一系列事件的概率永远大于一系列事件背后藏着一个阴谋的概率。

基于这种认知偏差，乐透发布了一则广告，断言"100% 的中奖者都试过自己的运气"——这不是明摆着吗？尽管如此，这条广告仍然具有冲击力，因为广告商知道，在 $p($ 买彩票/中彩票 $)$ 和 $p($ 中彩票/买彩票 $)$ 之间，人们普遍存在混淆。

一些人甚至不怀好意地玩弄这种认知偏见，故意误导众人，混淆已知某人"属于某一特殊群体"而他"被判入狱"的概率，以及已知某人"被判入狱"而他"属于某一特殊群体"的概率（明显后面这一概率要高）。然而，他们由此得出的存在所谓"高犯罪率群体"的结论却并不正确。

这让我想起了法国幽默大师科鲁彻曾讲过的笑话：他"劝"病人们不要去医院，因为，当病人躺在医院病床上的时候，他的死亡概率比躺在自家床上时要高出 10 倍。

有人甚至说，大脑的结构也是贝叶斯式的！大脑皮层被封闭在头颅内，它只能依靠感官发送的信息进行工作，而且必须不断更新自己拥有的所有信息。传入的感官数据不断与之前的评估结果结合。随着大脑不断发现新证据，大脑的信念也会发生变化。大脑皮层的架构将打造某种用于预测的编码，为今后的感官数据输入做好准备！

但这一切只是猜想。如果贝叶斯当初计算了人们在他死后近三个世纪里会如此热烈地谈论自己的概率，那他很可能会算错吧！

香农证明，如何计算 1 + 1

　　克劳德·香农是信息论最重要的奠基人之一。这位信息论之父也是人类历史上最著名的"陌生人"之一。在 2016 年，香农百年诞辰之际，法国国家工艺学院的一次展览中称之为名副其实的"编码魔术师"。

　　香农是信息学领域的拉瓦锡、通信学领域的达尔文[①]。他的同事鲍勃·盖勒格形容他"出色之极，单纯之极"。香农在贝尔实验室度过了自己大部分的职业生涯。美国电话电报公司在其一家独大的辉煌时期为这个神话般的实验室提供了研发资金。贝尔实验室雇用了数千名研究人员，它拥有一家研究中心应该具备的几乎所有理想品质，其中诞生了至少 8 位诺贝尔奖得主——对于一所非学术性机构来说，这算是很好的成绩了！

　　人们从世界各地赶来参观贝尔实验室。1943 年，香

---

① 拉瓦锡是现代化学之父，达尔文是进化论的奠基人。

农在贝尔实验室接待了阿兰·图灵的造访，他和图灵共同探讨了"人工智能"的可能性。香农也在那里邀请了他的导师、控制论的创始人诺伯特·维纳。我们将在后续内容中和维纳再次相遇。

克劳德·香农在 2001 年死于阿尔茨海默病——生于电子技术问世之前，死于谷歌创立之后……这是多么传奇的一生啊！

正如尼古拉·卡诺在 1824 年发表了两个热力学定理，进而将能量理论化，香农在 1984 年也发表了两个定理，以此创立了"信息动力学"，两个定理分别探讨的是信息量和信息的质量。

第一个定理涉及信息的压缩，并想回答以下问题：编码一条信息所需的最少符号数量是多少？第二个定理涉及信息的传输，并想回答以下问题：为了在终点处获取从起点处发出的准确信息，需要哪些必要条件？

为了回答这两个问题，香农首先对通信的环境进行建模。

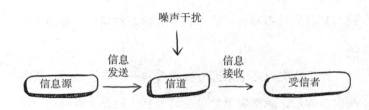

香农还选择了一个测量单位。就像卡路里可以量化热交换一样，香农提出的"比特"（bit，也叫位）的概念用于测量信息量。比特是一个二进制数字，可以取 0 或 1 的值。这一名称的选择其实特别考究，因为它可以被视为英文"binary digit"（二进制数字）的缩合，也可以是一个文字游戏：英文中的"a little bit"表示"一点点"的意思。

但别忘了，正如逻辑学一样，信息论是形式化的。它完全无视自己所分析的信息的意思或意指。对于香农来说，"上帝是否存在"和"巴黎圣日耳曼足球俱乐部是否有资格参加决赛"属于同一类别的问题。在这两种情况下，如果答案是"是"或"否"的概率是相同的，那么，问题的答案都包含 1 比特的信息。

测量单位已经选好，香农就开始研究把信息量与导致信息缺失的不确定性联系在一起的数学规律。他的论证如下。

如果依次向空中抛掷一枚硬币和一枚骰子，通过观察两次抛掷后，观察者就会接收到信息。但是，看到硬币掷出"反面"所携带的信息比看到骰子出现"5"所携带的信息要少，因为在第一种情况下，硬币掷出反面的概率是1/2，而在第二种情况下，骰子掷出"5"的概率只有1/6。

现在，如果同时抛掷硬币和骰子，观察者会发现自己的处境有点为难。一方面，给定一组结果，例如"正面，4"，其概率是1/12；而另一方面，观察结果所包含的信息并不比依次单独投掷硬币和骰子得到的信息更多。

因此，信息的测量应该满足一个苛刻的关系，即：

$$f\left(\frac{1}{2}\right) + f\left(\frac{1}{6}\right) = f\left(\frac{1}{2} \cdot \frac{1}{6}\right)$$

其中，f 只能是对数函数，因为根据定义，同一底数的两个正数的对数之和等于这两个数的积的对数。

在香农看来，不管给定的问题如何，比特变成了一个相当于不确定性减半的信息量。如果你在某条路上寻找一座房子，并且已经被告知这座房子的门牌号是双号，那么你就不再需要留意门牌号为单号的一侧房子。信息"双号"相当于 1 比特，因为它将概率场[①]一分为二。

因此，比特是信息的"基本元素"。如果实验结果仅有两种可能答案且这两种答案拥有相等的概率，那么我们不可能提供比这一结果更小的信息了。由于不确定性的减小方式也是如此，所以在所有其他情况提供的信息量更大。

想象一下，你在一座拥有 4000 本藏书量的图书馆里寻找一本书，如果这 4000 本书里有 500 本的封面是蓝色的，那么，"你寻找的那本书的封面是蓝色的"这个信息相当于 $\log_2 (4000/500) = \log_2 8 = \log_2 2^3 = 3$ bit。一个 3 比特的信息将你寻找这本书花费的时间缩短了 1/8。

我们用这种直观的方式一点点入手。如果有人让你猜从 0 到 100 之间的一个数，而且，你只能提出用"是"或"否"来回答的问题来寻找线索，那么你就是在按照香农的理论进行操作。你的每个问题都将概率场划分为两个相等的部分，比如你会问："这个数大于 50 吗?"如果答案

---

① 概率场指满足特定条件的集合系统。

是"否"，你可以继续问："这个数大于 25 吗？"以此类推。这里必须始终采用均衡的"二分法"进行运作。

香农通过计算一个特定字母接着另一个字母的概率，还可以评估英语的冗余度。比起在 S 之后，H 更有可能排在 T 之后，并且在 C 之后更有可能出现一个 H，等等。

如果没有任何逻辑或语言的联系，则新出现字母的概率为 1/26，并会提供 4.7 比特的信息（因为 $\log_2 26 = 4.7$）。但在英语中，每个字母平均只携带 1 比特的信息，因此英语的冗余度约为 75%。

当然，所有语言在不同程度上都是冗余的。你想要证据？你以可把这话句出读来，是吧？一个 100% 有效的语言不能容忍丝毫的错字，否则要付出部分信息不可理解的代价。

香农的理论也是对萨谬尔·摩尔斯的一个迟到的致意。早在 1832 年，摩尔斯就提出了以自己的名字命名的字母表，直观地阐释了信息与概率之间的联系。实际上，在摩尔斯的字母表中，英文字母表中最常见的符号被赋予了最短的代码，比如，E 是一个简单的"·"，T 是一个"–"，而出现频率较少的字母 Q 的编码为"– – · –"。

香农的公式能让我们借助经验计算出摩尔斯电码的效率为85%！我们不得不佩服公式发明者出色的直觉。

1 + 1 = 2

比起科研人员，香农更是一名工程师。一个理论只在有实际用途的时候，才会吸引香农的目光。在他生活的时代，一场革命正在电子技术实验室里酝酿，这就是继电器的革命。这些继电器元件被设计成以二进制的方式运行。一开始，继电器主要用在灯具制造，为的是让电流始终朝一个方向流动。但很快，香农在这中间看到了一个实现布尔的二进制系统的机会——布尔正好比香农早生了100年。构建一种物质实体与智力运算相对应的电路，这个想法非比寻常。但是，当我们把所有东西都分解成0和1时，事情很快就变得复杂了！让我们用最简单的加法运算来说明这一点：1 + 1 = 2。

这可能是人类最基本的计算。这个加法运算的数学难度系数几乎为零。当一种推理可以瞬时完成，人们不是就会说"它就像1 + 1 = 2一样简单"吗？

但矛盾的是，对于计算机来说，把1加上1已经很复杂了。因为在二进制计算中不存在数字 2，而且在形式逻辑中不存在符号"+"！

十进制系统使用从 0 到 9 的阿拉伯数字，数"十"只能以可用数字的最小组合表示。因此，"十"成了 1 和 0 的组合，即 10。在二进制系统中同样如此，但是，由于只有数字 0 和 1 存在，数"二"就已经引出了问题，而且"二"应该写成 10 的形式。因此，"三"是 11，而对于"四"来说，还需要第三个二进制位，于是"四"写成 100 的形式。

形式逻辑不包含符号"+"，它只知道"与门"和"或门"，并在此基础上添加了"非门"。下面简要描述并绘制了这三种逻辑门电路。如果我们称 a 和 b 为"输入"，那么输出将是：

a	b	a 或 b
0	0	0
1	0	1
0	1	1
1	1	1

或门

a	b	a 与 b
0	0	0
1	0	0
0	1	0
1	1	1

与门

a	非 a
0	1
1	0

非门

但是，如果一台计算机既不理解数字 2 也不理解符号"+"，它该如何确定 $1 + 1 = 2$？

如此一来，计算机只能利用自己唯一能理解的东西——电流。电路只有两种状态：电流通过或者不通过，计算机传递的信息就是 0 和 1。

在二进制数字 a 和 b 的加法运算中，如果称结果为 cd，则逻辑运算表可写为：

$a + b = cd$

$0 + 0 = 00$

$1 + 0 = 01$

$0 + 1 = 01$

$1 + 1 = 10$

而相应的逻辑电路已经相当复杂了！

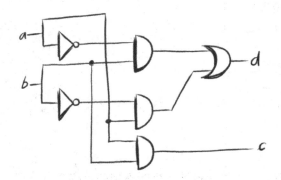

我们可以单独验证一种情况，比如 $c = 1$。在这种情况下，$a = b = 1$，因为它们通过了一个逻辑与门（位于上图中底部）。

现在，你可以用一个简单的例子来测试你对逻辑电路的适应能力：我们希望能有一盏灯可以通过两个不同的开关控制开灯和关灯，这该如何接线呢？（见附录答案 5。）

通常，天才们各有所长、先知先觉，但多少都有些怪癖。克劳德·香农就十分热衷于杂技——所以在前言的"天才叠罗汉"图中，我们让香农站在了顶端——而且，他尝试为自己的杂技动作找到数学方程！他还曾制造过一只名叫"忒修斯"的电子机械老鼠[1]，这只老鼠可以独自在迷宫中行走。

香农还是一名狂热的国际象棋玩家。然而为了忠于自己的理想，他尽可能地将国际象棋的玩法理论化。因此，在游戏规则允许的范围内，香农计算了国际象棋棋局的理论数目，结果是 10^{120}。今天，人们称这个数为"香农数"。

这位"科学冒险家"还想象了一种思想实验：两个极致天才 G 和 G'阅读了国际象棋的规则，并看到了开局时棋子的位置。在香农看来，在开局之前只有三种可能对话（G 或 G'谁执白棋、当先手并不重要）：

(1) G 说："我弃权。"

(2) G'说："我弃权。"

(3) G 说："和棋。"G'回应说："同意。"

直到今天，我们仍然不知道在这三种可能性中哪一种会发生……

---

① 在古希腊神话中，雅典国王忒修斯走出了米诺斯的迷宫。1952 年，香农在一次研讨会上首次展示了这只可以走迷宫的电子机械老鼠。

67

在科学史上，很少有哪种理论能如此迅速地让一位行事低调的研究人员从名不见经传变得蜚声国际。但是，香农意识到了自己工作的局限性，并建议自己的支持者们克制一时的狂热。许多人以他的理念为基础展开人文科学的研究，而香农却对这种将信息论变身加以应用的做法持保留意见。香农会如何描述基因工程——一种假设基因包含了描绘生物特征的所有信息的方法？

尽管香农的贡献非常重要，但直到今天，"信息论"仍可以说是未完成的、零碎的理论。我们依旧无法确定信息是有形的，无法确定信息与我们分析世界的其他元素，如空间、时间、物质和能量，有着同等的地位。

诺伯特·维纳与控制论

　　显而易见，一切都会改变，甚至是我们日常使用的词汇：在 super、mega、hyper 和 giga^① 之后，越来越"惊人"的词汇标志着消费社会的到来。目前，我们正处于 cyber（网络）世界。然而这次一切都会不同，网络将彻底改变所有东西，改变社会，改变我们的消费方式。

　　几十年来，人们一直在谈论"网络空间"和"网吧"，现在又加上了对抗网络犯罪和网络暴力的"网络安全"。

　　那么，入侵我们生活的 cyber 一词，其含义究竟是什么？让我们先看看这个词的起源。在第二次世界大战之后，美国科学家诺伯特·维纳的脑海里诞生了这个词。这位出色而古怪的数学家出生于一个波兰裔犹太人家庭，他

---

① 　这几个前缀在中文里都可以翻译成"庞大""巨大"等的意思，只是大的程度不同。

在战争期间受雇于麻省理工学院（没错，依然是麻省理工学院！），致力于研究一种新型武器。更准确地说，维纳被要求研制出一种能到达德国 V-1 和 V-2 导弹同等水平的导弹。这些无人驾驶的飞行器塞满了炸药，在英国造成了巨大的破坏。为了达到目的，维纳必须模拟一个知道自己被追踪了的飞行员的行为，因此，他必须更好地理解人类通常的决策机制。

在战争结束之后，诺伯特·维纳仍继续自己的研究工作，并在 1948 年开创了一个新的科学领域，命名为"控制论"（cybernetics），这个新领域研究的对象就是如何控制机器。维纳希望完整发展这一学科，并希望有朝一日，控制论对于机器就像几何学对于空间一样，能发挥出重大的作用。

cybernetics 这个名字的灵感来自希腊语 kubernao，意为"操控"。因此，cyber（网络）与 govern（控制、统治）和 government（政府）有着相同的词源。因此，我想友好地提醒一些政客，cybergovernment（网络政府）或许不过是一种幻想……

维纳写了一部名为《控制论：关于动物和机器的控制

与传播科学》的作品，这是 20 世纪最重要的图书之一。
《纽约时报》在 1949 年 1 月称赞了这本书，因为它预测控制学将在未来扮演"科学灯塔"的角色。今天，我们的生活现状证明了这么说是有道理的。这本书从一种实用角度阐述了当今世界，因为这个新理论的主要概念之一就是"控制"。

举一个简单的例子。当我们倒葡萄酒时，手臂应该保持不动。但在任何时刻，当葡萄酒瓶的重量减少时，施加于瓶上的力也必须相应减小，否则我们的手臂就会上抬，而我们也要眼睁睁地看着葡萄酒洒在桌布上了。只有通过"控制"机制，我们才能不倒洒葡萄酒，因为葡萄酒瓶和玻璃杯之间的距离必须保持不变，一旦发生极细微的偏差，信号就会被发送到大脑，大脑就会立即决定减少将手臂向上拉的力。这是一个连续的循环机制，人们称之为"反馈"。

控制论无处不在，简单地说，这是通过科学方法研究一个系统如何在不可预测的环境干扰之下追求并实现一个目标。

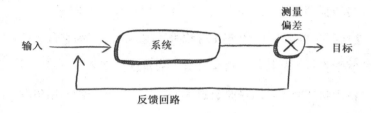

测量偏差

输入 ⟶ 系统 ⟶ ⊗ ⟶ 目标

反馈回路

　　这是我们身体的情况，尽管会做各种各样的活动，但我们的体温几乎保持不变。然而，上图同样也适用于电视节目收视率的情况，电视频道可以据此调整节目内容，以吸引尽可能多的观众。反馈回路就在那里，我们在看电视，同时，电视也在观察我们！

　　在控制论中，反馈有时被说成是"负"的，但这不意味着其影响是坏的。所谓"负反馈"仅仅意味着控制与观察到的偏差背道而驰了。例如，恒温器就是一个好想法，它就是通过"负反馈"来实现的。与此相反，"正反馈"旨在让系统趋于最小化或最大化，这既可以表现为恶性循环（如"拉森效应"①），也可以表现为良性循环。

① 拉森效应也称声反馈，当音频输入（如麦克风或拾音器）和输出（扬声器）之间发生声音回路时，就会出现这种正反馈。比如，麦克风接收的信号被放大并从扬声器中传出去，而扬声器发出的声音可以再次被麦克风接收，被进一步放大，然后再次由扬声器传出，这样就形成了一种环路增益。声反馈原理最初由丹麦科学家索伦·拉森发现。

控制论的理念并不新鲜。达·芬奇喜欢煮得全熟的鸡，所以，他想象把一个水平的螺旋桨放在烟囱里，这样一来，炉火的热量越高，螺旋桨和鸡就转得越快，鸡也熟得越快！就像维纳一样，达·芬奇也有一份设计武器的邀约（这可能不是巧合）。在这份设计中，达·芬奇画了一匹马拉着一个巨大的水平螺旋桨，其叶片如锋利的刀刃，目的是要割掉敌人步兵的腿……这幅血腥画面距离我们所熟知的蒙娜丽莎很遥远！

迈向网络世界

在很长一段时间里，控制建立了独创而本土化的机制。但在今天，在全球范围内，行动回路和反馈回路互起作用并做出反应。维纳提出了一种控制机制的模型，而计算的兴起已经完成了余下的工作。网络空间是全球联网的计算机的集合，每台计算机都如同一个做科研的大脑，它们瞄准了全球的人类，而人类也想实现自己的目标……所以，算法想尽可能地摸清消费者的习惯，这就是为什么美国"黑色星期五"之后的星期一被称为"网络星期一"，因为这是消费者们打破网上购物纪录的一天①……

有了互联网，一切都可以并且也将会变成"网络"。但是，社会利益是巨大的。因为在网络空间里，我们不知道哪一个是因，哪一个是果，更不清楚谁是控制者，谁是被控制者。我们也不知道起点在哪，也不知道终点在哪。我们不再试图破解"鸡生蛋还是蛋生鸡"的问题，因为在网络空间里，我们二者皆食。

香农的信息论和维纳的控制论著作都在1948年出版，这两部作品是20世纪科学界的两大亮点。维纳比香农早20年出生，也是香农的导师和启发者。但是，维纳和这位年轻的同事同时经历了各自智力的鼎盛时期。这两位作者经常在麻省理工学院的走廊里相遇，他们互相赞扬，明显都十分欣赏这场"双人舞"。当然，香农还有一个额外的话题与维纳分享，因为就像他的这位控制论导师一样，香农也曾为国防事业服务。事实上，香农曾研究过，如何在克里姆林宫和白宫之间安装的著名红色电话上实施最佳

---

① "网络星期一"就是美国"黑色星期五"之后的第一个星期一，"黑色星期五"是美国一年中的疯狂购物日，许多商家会提供巨大的折扣来吸引顾客，无论在网上还是在实体店。

的加密方法。顺便提一下，这部红色电话既不是电话，更不是红色的，而是美国和苏联在冷战期间安装的直接通信线路。

　　强有力的定义，优雅的定理，这就是维纳和香农的思潮源头，这一思潮将蔓延到众多学科之中，无论是帕罗奥图的心理学学派、经济学中的博弈论，还是哲学中的结构主义都受到了这种思潮的影响。这种既注重事物又注重事物之间关系的思维方式被称为"系统方法"，而这将成为20世纪下半叶的主导模式。

插曲
逻辑学的乐趣

　　一名记者完成了自己的文稿，但还差一个引人注意的好标题。他没有任何灵感，于是请一位同事帮忙。

　　同事问这名记者："你的稿子里提到过太阳吗?

　　记者回答："没有。"

　　"有没有提到夜晚?"

　　"也没有。"

　　"那么，你可以把它取名为《没日没夜》。"

　　完美的逻辑。

　　但你为什么要笑呢? 当然要笑，因为这完全不合乎逻辑! 但这也透露了一个好消息：我们还是不做一台计算机为妙。我们还是应该拥有更合乎逻辑的思考方式，而且这方面的练习也很多，涉及这类问题的大量著作足以证明这一点。在你看来，下列推理是正确的吗？

- 所有男人都是旅行者。

- 有些旅行者极富魅力。

- 因此，有些男人极富魅力。

也许，你的第一反应是此推理有效。但实际情况并非如此。我们会产生这样的印象，是因为我们认为结论是真的。你表示怀疑？那么请分析以下推理，它有着与上一个推理完全相同的结构。

- 所有奶牛都是四足动物。

- 有些四足动物是大象。

- 因此，有些奶牛是大象。

这次，即使知道三段论的基本理论，你也不会落入陷阱之中！

以下练习也值得一试，它可以让对逻辑学感兴趣的读者对布尔逻辑产生一个大概的认知。

在你面前的桌子上有三个分别标有 A、B 和 C 的盒子。在每个盒子中都有一颗颜色不同的棋子，分别为红色、绿色和蓝色。你不知道哪颗棋子在哪个盒子里，你被告知了三件事且这三件事中只有一件是真的。三件事如下。

- A 盒子里装有红棋子。

- B 盒子里没有装红棋子。

- C 盒子里没有装蓝棋子。

你不知道这三件事里哪一件是真的。但是，你必须在不掀起盒子的情况下判断每个盒子里装的棋子是什么颜色。这是有可能办到的，但如何进行呢？（见附录答案 6。）

* * *

自从克里特岛的埃庇米尼得斯声称"所有克里特岛人都是骗子"以来，我们就知道了，逻辑的最大困难之一是自我指称[①]。因此，如果你痴迷于思考这件事，那么请试着解决以下问题吧。这个问题并不是那么难，它是非常"轻量级"的自我指称产生的悖论。

在下面方框中，有多少句话是真的？（见附录答案 7。）

- 在这个方框中，有一句话是真的。

- 在这个方框中，有一句话是假的。

- 在这个方框中，有两句话是真的。

- 在这个方框中，有两句话是假的。

---

① 一个句子指称自己，故而产生悖论的现象。

第三部分

自动化理性批判

科学是父亲教给儿子。

技术是儿子教给父亲。

——米歇尔·塞尔

如果说前两部分是在回首过去，那么第三部分却想邀请我们一起展望未来。人类的算法之梦就是我们的历史，而历史还远未结束。然而重要的是，我们最好还是自己动手敲打键盘，来续写这段历史。为此，让我们从遵循两位伟大哲学家的建议开始吧。

为了探索科学，亚里士多德建议动摇它，随后，康德又提出了批判性思维。这些理论比以往任何时候都更具有现实意义，有多少悖论，就有多少质疑。比如，世上从未有过如此多的可用信息，但想了解信息的可靠性，也从未有过如此大的困难。真的有可能"增强现实"，或者拥有数百万的"朋友"吗？谷歌是世界上最富有的公司之一，但它的用户却从来不用为搜索服务付费。在电影院，有些电影是禁止未成年人观看的，但只要双击鼠标，孩子们随随便便就可以看到原本难以接触到的色情内容。社会问题越来越大，但政客们似乎更倾向于回避话题。社交网络能一呼百应，也能被最邪恶的恐怖分子所利用。虽然法国的 Minitel[①] 早在数字时代之前就创造了网络世界，但法国已

---

① 早在互联网诞生之前的 1982 年，法国自行建立了一个国家内部网络 Minitel，但后来因运行费用昂贵、技术落后等问题被互联网取代。

经失去了在信息技术界的领先地位。各种悖论层出不穷。

当下还在开发中的各种技术彼此结合，可能会彻底颠覆明天的世界。但是，选择何种技术，这本身不是一个技术选择，而是一个社会选择。在即将到来的明日世界里，人类要如何表达和证明自己的人文价值？

这正是我们需要进行反思的。无论发生什么事，批判性的眼光都是值得欢迎的，而且是必不可少的。人与机器的关系不是对等的。"算法人类"不能放弃自己的责任，也不能就此停止规划自己的创造力。世界的财富可能变得无形，但对许多人来说，贫困仍然是有形的。

我对算法人类的未来充满了信心。在这一部分中，莱布尼茨仍处在中心地位。因为，莱布尼茨融合逻辑学和计算机科学的梦想虽然已经被证明是不切实际的，但是，他的乐观态度仍然不可动摇，这种力量远远超出了其理论研究的范围。伏尔泰曾嘲笑莱布尼茨和他的想法——"世人所生活的世界是所有可能存在的世界中最好的一个。"然而，莱布尼茨依然是我撰写后续篇章的灵感来源。现在，就由我们来建立可能存在的最好的技术世界，由我们来书写一部《自动化理性批判》。

连接互联网，却脱离现实

一天之中，我们有 8 个、10 个有时候甚至 12 个小时都处于"连接"状态。或是有线连接，或是无线连接；或是在白天，或是在晚上；或移动，或久坐；或高速，或低速；或主动，或被动；或免费，或收费；或集中连接，或分散连接；或为了工作，或为了娱乐；或与身边的人连接，或与素不相识的陌生人连接，或与人类连接，或与程序连接。显而易见，人类被过度连接，甚至已经变成了连接终端。但归根结底，我们连接的究竟是什么？

这个问题的答案总是含混不清。有人说，我们是与互联网连接、与网络连接、与信息连接，也有人说是与朋友连接、与金融和商业市场连接、与云空间连接……或者，有一种更模糊的答案是与"对象"连接。当然，连接对象也必须是可连接的。

今天，当我们说"这里有网络信号"时，就好像说

"今天天气很好"或者"这里气氛很欢乐"一样愉悦心情……

但是，有一个重要的悖论值得我们去思考。我们"连接"的对象越多，就越与物理世界中的现实脱节。比如，如今一位远洋航行的船长不必亲身感受巨浪和海风，他可以一直坐在计算机和雷达屏幕前，观察天气的变化，几乎很难有机会走出舱外。又如控制轧钢机的工人，他会坐在一间装有空调的房间里工作，在这间摆满屏幕的控制室里，工人可以定位监控几千公里之外的熔件铸造厂，而铸造厂现场几乎没有人。当然，技术让一切变得更便利。但是，我们是否就此成为更优秀的航海者或钢铁铸造师？这可不确定。

在理论、真实性、可靠性和精确度上，这些"连接"能给我们提供什么保证呢？今天，柏拉图的洞穴①里也布满了屏幕。但是，它们能告诉我们怎样的一个世界？其他洞

---

① 柏拉图在《理想国》一书中想象出了"洞穴之喻"来描述人类摄取知识的方式。他比喻人类就如被囚禁在洞穴中的一群囚徒，与世隔绝。洞穴中的世界对应可感世界，而洞穴外面的世界对应理智世界。本书作者以此做类比，认为当下在计算机屏幕前了解世界的人类与柏拉图的洞穴之中的囚徒无异。

穴里的其他"囚犯"对这个世界有着怎样的想法或认知?

真与假的区别从未如此难以确定。

强大的技术可以凭空造就图像和声音。在电影《泰坦尼克号》里,冰冷海水中群众演员的身影是被计算机后期添加的,因为他们拒绝在 2 摄氏度的冷水里拍摄。同样,当法国演员杰拉尔·德帕迪约在美国电影中演出时,他毫无口音的英语给观众留下了深刻的印象。但这又是一次错觉:人们用数字技术把德帕迪约讲话中典型的法国口音去掉了,就像软件可以实时纠正歌手在舞台上唱错的音符一样。

在电影院或音乐会上,这种技术会带来更让人满意的效果。但在其他地方,技术用于不同的目的,其结果也就大不一样了。在一次美国的竞选活动中,网上流传着一张伪造的照片,显示了约翰·克里和简·方达在 20 世纪 70 年代的合影。有人伪造这张照片,目的是质疑克里在越南战争期间的态度,好让这位身为"战争英雄"的候选人名誉扫地。因为,虽然克里和简·方达都曾是反战人士,但方达却因一次出访越南而遭到抵制。

让我们回到刚才的问题上:人们连接得越多,反而越会脱离外面的世界。我们如同被"虚拟现实"和"增强现实"这两个矛盾点笼罩了一样。也许，从广告和新闻宣传角度来说，这是非常有利的——媒体报道确实变得更吸引人了。但从逻辑角度来说，这是有缺陷、有问题的。因为，这不是现实变得虚拟了，而是人们在用假定的感觉来体会现实。于是，现实并没有得到"增强"，而是"虚拟"拉开了人们与现实的距离。在事物本身是什么和人们所相信的"事物是什么"之间，计算机科学当了一个屏幕——这倒的确是一道屏。

就此而论，连接对象本身不会造成问题，而我们应当担心的是自己到底变化到了什么程度。为了恢复正常，不管我们愿意不愿意，连接主体必须断开。别忘了，屏幕背后如同有一台巨大的吸尘器，正虎视眈眈地看着你，时刻想要把你的注意牢牢吸住！

有人认为，健康问题其实首先也是信息问题，互联网巨头们梦想通过覆盖传感器来不断评估我们的血糖、胆固醇、心跳或白细胞的水平——他们为什么不用传感器来衡量我们的道德水平，或者评估人类欲望的强度呢？如此一来，被连接的用户貌似将成为健康状况良好的人，能够借此逃离偏头痛、肥胖或抑郁。

虽说健康是无价的，但是"连接健康"就变得有价了，其相关市场价值达到数十亿美元。问题是，我们连接的到底是什么？连接的对象又是谁？我们的胃会被连接到硅谷或韩国的新兴企业吗？我们的血液循环系统的信息会被卖给食品巨头还是制药巨头？

帕斯卡写得非常贴切："人的一切痛苦都来自一件事，那就是不知如何在房间里停下来休息。"当然，他所说的这个房间恐怕没有无线网络。

算法"布鲁斯"

我知道,"算法"这个词有点令人生畏——algorithm 听上去像一种用于稳定心跳、助力睡眠的海盐制药物[1]。但事实并非如此。

算法的思想可以追溯到古代。亚历山大图书馆的埃拉托色尼[2]提出了一种方法来确定一个数是否为质数,也就是说,不能被除 1 和自身之外的自然数整除的自然数。

算法是一系列指令,它必然导致一个预期的结果。因此,烹饪方法也是一种算法。这是一种简单的情况,对于任何人来说,烹饪方法都是相同的。但是,大多数算法都有着充斥着"如果""那么"的分支。比如,我们有时需要填写的各种单据里就有这类例子:"如果你没有不动产

---

[1] 海盐有催眠作用。

[2] 古希腊数学家埃拉托色尼曾被任命为亚历山大图书馆馆长。埃拉托色尼提出过一种在一定范围内的自然数中筛选出质数的方法,称为埃拉托色尼筛法。

收入，那么请移至复选框 17。"等等。

算法超越了数学的范畴，它需要逻辑来产生一定的结果。如何根据日期知道这是一周中的星期几？如何知道两个日期之间的间隔天数？光有简单的计算是不够的，必须结合"如果是闰年，那么……"等条件。任何加密系统都是如此。

如果你需要按字母顺序排列 500 张名片，这个问题稍微有点复杂。有几种方法可以做到这一点。方法不止一种。有些算法是可行的，比如逐张拿取名片，并将它们按顺序从头到尾排列。但我们意识到，有些算法比其他算法的效率更高。比如以姓氏的首字母为基础分出第一组，再以第二个字母为基础分出第二组，以此类推。通过这种分组方式排列名片，速度会更快一点。

今天，算法更将超越逻辑的范畴，它已经蔓延到经济和政治领域了。每一天，互联网上的算法对大众获取信息、购物、工作和旅行等行为方式的影响都会越来越大。并且，算法还影响着我们的思维方式。

算法将造就整个 21 世纪的人类生活，它是一种工具，其巨大的力量在地球上十分罕见。这很有必要拿出来说一说。

我们所知道的这场世界范围内的革命并不是算法的革命，而是掌握这些算法的人累积了力量，继而引发的革命。计算机的计算能力能够集中处理来自互联网的数十亿条信息，这为一些行业企业提供了前所未有的强大手段，使他们有能力来影响我们的选择和行为。

这些算法是如何工作的？我们可以分四个阶段对其深入分析。

第一阶段，一切似乎都在最好的数字世界中发挥着最好的作用。搜索引擎的可见部分似乎赋予了算法一些能力。如果你问谷歌浏览器，阿司匹林的化学配方是什么，法国国歌《马赛曲》的歌词是什么，法国西南部城市欧里亚克的邮政编码是多少，谷歌会瞬间给出正确、免费的答案。我们还能问什么呢？

人们认为，点击鼠标收到的信息是中立、客观、公正的。显然，事实并非如此。在绝大多数情况下，两个人都用谷歌等浏览器对相同内容进行搜索，却会得到不同的答案。这就是第二阶段，我们发现，算法会根据使用者是谁，而做出不同的反应。

如果你正在寻找佛罗伦萨的一家酒店、搜索一本素食食谱，或者寻找 6 年前出版的一本木材切割机用户使用手册，互联网给你和你的邻居提供的答案和建议会根据你们的个人资料而有所区别。比如，推荐的酒店将根据你们的收入而定，推荐给你的蔬菜沙拉食谱可能来自一位作家的推荐，因为你曾经拜读过这位作家的书，而一位居住在你家附近的园丁会建议还是由他来帮你锯切木材。

假如你已经在网站上订购了一本书，算法会根据你的订单为你推荐类似主题的第二本书。假如你没有续订一本杂志，算法会询问你这是否是一个疏忽。就算你没有要求任何东西，算法也会用"对你特别适用的广告"来轰炸你。这怎么可能呢？当然，这都要归功于一些算法！互联网知道关于你的一切。多年以来，人们每次点击留下的痕迹被存于数据库中，数量庞大到几乎可以说是无限的，这些痕迹被称为"大数据"。

大数据中的"大"字比我们通常所熟悉的"大"的概念更大。一般情况下，我们所理解的"大"就像在麦当劳的巨无霸汉堡包里加入第二块肉饼一样。但是，大数据世界的情况并不是这样，你必须借助宇宙"大爆炸"的意义来理解这个"大"的含义，这不是真正的爆炸，而是一场具有全球影响力的大震动，又或是类似《老大哥》[①]（*Big Brother*）这种电视真人秀节目一样。在大数据的世界，"大"不仅意味着数量庞大的数据，更主要是数据的类型，即互联网上留下的浏览痕迹的总和。而算法的作用是让这些数据变得可用。复杂的统计手法催生了各种链接和关联性，它们能准确识别你的习惯、信仰或兴趣。

从字面上看，数据意味着要有人"提供"，但至少就这一点，可以说，这里是有矛盾的：这些信息不是众人"提供"的，而是从我们这里被拿走的！大数据知道我们的一切，但我们对大数据却知之甚少。

谷歌的创始人谢尔盖·布林和拉里·佩奇不是21世纪的百科全书派大师狄德罗和达朗贝尔，他们是杜洛埃[②]和佳士得[③]——他们的目的不是提供信息，其工作性质与拍卖行更为相似。布林和佩奇的搜索引擎使用了非常出色

① 《老大哥》是1999年在荷兰电视台首创拍摄的社会实验类真人秀节目，参加者的一举一动都被摄像机拍摄下来。
② 小说《嘉莉妹妹》中的人物，杜洛埃是一名营销员，性格自私、冷酷、对感情玩世不恭。
③ 世界最著名的艺术品拍卖行之一。

的算法，我们几乎每天都在使用它。搜索引擎本身没有给他们带来任何东西，然而，把关键词和用户的个人资料卖给出价最高的人，却是一笔能赚得数十亿美元的好生意。

这些问题已经够令人印象深刻了，但下面的内容更让人惊讶。

在第三阶段，人们意识到 Facebook 和其他公司是如何避免矛盾或争议的。这些公司试图给用户提供他们想接收的内容，让他们更多地了解自己想要阅读的内容。如果你在搜索引擎中输入"科学教"①三个字，大多数搜索引擎提供的网站信息都是对其有利的。这并不是巧合，因为大多数互联网用户都是在研究自己感兴趣的主题，所以他们先入为主地对搜索话题抱有积极的看法。

算法考虑了人类的这些认知偏见，继而对每个人的偏见进行了解码，并通过强化这种偏见来做出反应。算法不过是朝着它认为的风向继续吹气。

然而，你有问问自己事情为什么会这么复杂吗？当我

---

① 科学教（scientology）又称科学神教等，这一新兴宗教的性质在国际上存在较大争议，有些国家和地区视其为合法宗教，有些则视其为不合法或营利性组织。

们了解到，互联网巨头的战略就是让用户产生依赖性时，第四阶段的分析就给出了答案。算法旨在创造一种需求，甚至是一种"瘾"。算法的编写方式，就是为了让众人再也无法失去自己。

我在一开始说，算法不是一种催眠药。但事实上，算法更像是一种毒品。

最后，别忘了一件事：算法不能解决所有问题。政府既无法利用算法根除逃税问题，算法也无法帮助你决定搬家到哪里，更不可能帮助你在生活中取得成功。

人们时常说，数字和事实本身就说明了问题。当然，情况并非如此，因为大数据是沉默的。没有人会像欣赏风景一样看待数字，观察数据要根据预先建立的观察角度、模型和分类方式来完成。任何一种信息组织机制都对应着一种潜在的意识形态、一个目标、一个项目。那么，我们的潜在意识形态、目标或项目又是什么呢？

诺查丹玛斯与大数据

16世纪初期，大预言家诺查丹玛斯原本是一名医生，在艾克斯－普罗旺斯地区医治瘟疫患者。他在老鼠身上发现了传染媒介。出名后，诺查丹玛斯在1555年应召前往凯瑟琳·德·美第奇王后的宫殿。在今天看来，他其实是加入了王后的智囊团。同年，他出版了一本占卜预言书《诸世纪》，以便让每个人都可以阅读他想阅读的内容。

今天的世界已经截然不同，科技有着不可思议的强大力量。但是，我们必须承认有一件事没有改变——预测未来基本上是不可能的。没错，我们可以提前一千年预测日食，但是，这类信息在我们的日常生活中几乎没有任何帮助。知道在一个月内会发生什么，这恐怕更有用。然而矛盾的是，在互联网时代，预言比在诺查丹玛斯的时代更加困难！

在一个超级连接的星球上，任何行动都会立刻引起反应。社交网络就是一个个不可预测的怪异的循环。让我们更仔细地看一下。简单来讲，存在三种不确定性。

(1) 圣诞节是在什么时候？你不知道，我也不知道。

(2) 谁将在 2022 年当选法国总统？你不知道，我也不知道。

乍一看，这两种情况是相似的，但事实并非如此。在人类活动中，做出预测这一行为同样会影响未来。我们知道民意调查在政治上的重要性，但我们也知道，事先公布投票意向往往会改变投票人的投票意向！假如政府宣称汽油可能出现短缺，这无疑将导致真正的"汽油短缺"现象。在大多数情况下，某只股票价格上涨是因为这只股票的价格真的在上涨。但是，如果气象局宣布将会降雪，股价是不会有上涨的可能的。

我仍然记得一幅漫画，勃列日涅夫在某个五一劳动节对着聚集在莫斯科红场上的人们讲话："我们将实现五年计划，即使这需要一个世纪！"

在这两种不确定性的形式中，问题是明确的，然而回答的难度巨大。但我们至少能以"如果……那么……"的形式对情境进行假设和想象。

这是可能的，因为问题很精确，而且思考的框架很明确。简而言之，我们很清楚什么是我们不知道的。

此时，数学就能派上用场了。在比较简单的情况下，我们可以计算概率，就像在超市中管理库存一样。在更复杂的情况下，我们可以借助计算机进行仿真模拟。

但是，还存在第三种不确定的形式。

(3) 没有人想过，冰岛的火山爆发是否会导致数个欧洲国家关闭领空，德国大众汽车公司有没有可能组织一场大规模的作弊来规避环保法规。于是，当答案是肯定的时候，人们的震惊就更大了。因为我们甚至不知道"我们不知道"。第三类不确定性涉及了"没人提出的问题"。在这种情况下，超级计算机也没有用了……因为没有什么可以计算的！

这类事件通常被称为"黑天鹅"。这一说法是用来纪念一位 18 世纪的英国探险家，这位探险家曾确信所有天鹅都是白色的，然而，他在澳大利亚逗留期间，惊讶地看到了一只黑天鹅——没有一个欧洲人曾对这类水禽的颜色提出过疑问。于是，黑天鹅成为第三类不确定性的象征。

世上存在各种各样的第三类不确定性事件。"9·11"恐怖袭击事件属于一桩"黑天鹅"事件。此外，法国兴业银行前交易员热罗姆·凯维尔让50亿欧元人间蒸发，甚至在全球大获成功的手游"精灵宝可梦Go"都属于这类事件。根据这种不确定性的定义，当人们"感受不到问题的气息"时，是没有任何预测的可能的，于是大数据也就没有任何用处了。

快速一瞥过去几年发生的各类事件，事实证明，黑天鹅才是最重要的事件。在三星公司，没人计算过他们的新智能手机电池会发生爆炸的可能性。

管控，就是未雨绸缪

想象一下你正在下国际象棋。在推进一个卒后，你想知道对手的反应是什么。你以为自己已经预想到了许多事情，但结果却令你目瞪口呆：对手把他的马向前直线推进了4格[①]！

[①] 显然，对手没有按照国际象棋规定的"马"的走法来下棋。在国际象棋中，马的走法为向前、向后、向左或向右走一步、再斜走一步，所以马能控制8个格子，但不能直线推进4格。——原注

然而，这就是今天的世界。在全球经济的大博弈中，强者不再寻求胜利，而是希望创造能让自己获胜的新规则。虽然大数据仍在测绘当下的世界，但在幕后，是跨国公司决定了我们的未来。

如果我们不得已接受了"拿不稳，少开口"的处事原则，那这将成为巨大风险的源头。这注定将是一个很大的错误。拿不稳，是因为我们不知道如何进行预测，并根据预测的结果行动。管控，不再是预测；管控，是未雨绸缪。

全球化管理的重要性

当人们看到马克·扎克伯格与奥巴马交谈，比尔·盖茨登上爱丽舍宫的台阶，马云在比利时的宫殿里和欧洲议会上接受采访时，我们会认为他们在与同类相会。但显而易见，情况并非如此。

让我们打开天窗说亮话吧。Facebook、微软或阿里巴巴的老板都不是政治家，他们是商人。商人不会考虑选民的意见，他们考虑的是自己的顾客。他们不会平等地与政客们交谈，因为，他们凌驾于政治之上。对于硅谷的大多数企业家来说，其商业发展的主要障碍就是这些政客。对这些商人们来说，他们在那些无视自己的人面前受到"国王般的待遇"，恰恰表明了所谓流派和国家的界限都模糊了。

让我们来重新明确一些事情。

互联网并非公共空间。互联网其实是一个私人空间。

并不能因为几家互联网公司的营业额高于某些国家的国民生产总值，就使这些公司变成一个"国家"。

互联网并非全球性的。互联网世界说英语，互联网是用英语编写的，互联网的控制权在美国。不仅绝大多数的重要参与者是如此，大多数对互联网进行组织、调整或管理域名的机构也是如此。

互联网并非环保。互联网消耗了大量的原材料和贵金属。每个数据中心需要的电力相当于一座拥有 4 万居民的城市。互联网还会产生大量的有毒废物，这些废物大多堆积在非洲或印度的垃圾填埋场里。

互联网既不是虚拟的，也不是非物质的。借助数以百万计的地下电缆和几乎同样多的海底电缆，无线网络才得以实现。在海洋中也一样，网络巨头正在那里编织他们的网络。Facebook 和谷歌已经宣布要建设一条近1.3 万公里的电缆，连接香港和洛杉矶。甚至有人说，北极的冰盖融化后，在欧洲和亚洲之间就能安装更短的电缆了……

互联网并非透明。谁知道大数据的支配者和美国情报机构之间到底有怎样的关系？

互联网并非中立。任何算法都对应着所有者的一个计划。尽量让用户延长连接时间，鼓励大家娱乐消遣，创造依赖感，甚至是成瘾，这就是算法的真实计划。这种关系意味着，算法的计划不一定都是有益的。

互联网在其运作过程中并没有完全被理解。大平台的工程师们承认，他们并不了解自己开发的算法的所有反应，这就是所谓的"机器学习"。但是，这些算法究竟在学习什么？至少，我们问这个问题是明智的吗？

互联网并非市场经济的保障。即使是观点非常自由的《经济学人》杂志也在 2016 年 9 月 17 日出版的周刊中表明了这一观点。网络巨头的出现威胁着合理竞争，甚至是贸易的合法性。

互联网并非民主的保障。民主不是全民公决、民意测验、一时潮流或请愿活动的连续或随机的总和。况且，大多数网络企业家甚至认为，民主的概念已经过时了！互联网唤醒了彻底的个人主义，根本不能保证世界和平。

互联网并非掌握真相。绝大多数可用信息都没有受到控制。比如，算法如何解读互联网用户的嘲讽之意？如何解读用户拒绝自我表达的意愿？

互联网积累的信息正在变得无用。如果说，我们在互联网上很容易"发布"一些东西，那么我们怎样才能"撤销发布"呢？很多信息都过时了，而很多事件在发生之后很久还一直被提及。

互联网并非友善。尽管"点赞"或"好友"这两个词被大量使用，但网络空间仍然是一个充满暴力的地方。个人情绪在那里可以随处爆发。任何形式的骚扰都会造成伤害，特别是在青少年群体中。

互联网是脆弱的。数千万行代码永远不可能 100% 可靠，bug 总会发生。网络巨大的复杂性使它容易受到各种故障和事故的影响，同时也容易遭受狠毒的攻击。

互联网并非自动。这些算法被设定为独立运转，我们只知道，很少有人工操作，人们偶尔进行的参数设置，操控者决定的行动也不多。尽管如此，许多干预措施都是合法的，甚至是可取的。但是，我们真的知道谁拥有决策权吗？

互联网并非自由。当我们用英语说"上网"（surf，原意是冲浪）时，就会想到在海浪上自由漫游的可能性。这是个美丽且令人回味的比喻，但我们也不能忘记海浪不可抵挡的力量……

互联网只有部分是可访问的。这似乎有些矛盾，但像谷歌这样的搜索引擎只能访问网络的一小部分。而另一个被称为"暗网"①的部分，你必须弄到"通行证"才能够访问。想要访问暗网，仅需下载一个合适的浏览器，用于潜入这片混沌的水域。在暗网上，如果有谁需要军火，那都没有问题，加入购物车就行了。

互联网并非优质教育的保障。给每个学生发一个平板电脑，这种教育方式只有在孩子们学会批判地看待信息时才能发挥功效，而批判意识只有老师才能教给孩子。

互联网并非公平。财富再分配的传统工具在网络世界不起作用。全球化层级上的税务管理技术早已超过了国家税收的管控。那些享受合作经济成果的人和那些无法享受这一切的人之间注定会产生不公平。

互联网并非免费。如果说，网络的使用费很便宜，那

---

① 暗网（dark web）指存储在网络数据库中，并需要通过动态网页技术访问的资源。通过超链接无法访问暗网，因为这些资源不属于可被标准搜索引擎索引到的表面网络。

是因为用户主要都是用实物支付。为了获得有用的消息、储存自己的照片和资料，我们详细地交待了自己的品位和喜好。但是，我们没有意识到这些信息本身是有价值的，这就是"数据"。不要忘记，这些数据本该是属于我们的，而不属于利用这些信息的人。我们要记住，谁才是慷慨的捐助者！

互联网是我们的工具，而我们也是互联网的工具。并且，我们还是它的实验室。Facebook 承认曾有组织地对其会员进行过大规模的测试，以了解他们对某些被传播的信息做何反应。

互联网不好也不坏。互联网也好也坏。互联网是世界上最大的机器，但它仍然是一台机器。因此，它不可能有创造力，也没有责任感。

互联网，尤其对我们民主国家来说，是空前的挑战。互联网加速打破了时间和空间，使当下繁荣的社会、经济结构变得过时。当亚马逊首席执行官杰夫·贝佐斯来到卢森堡面见欧盟委员会主席让－克洛德·容克时，他是为了个人的税收状况来进行谈判的。然而事实上，今天的杰夫·贝佐斯完全有能力考虑买下整个卢森堡……

　　人类迫切需要新概念、新模式、新类别范畴，以便在当今世界阐释自己的价值观。我们需要重塑法律、教育和社会保障体系。就算欧洲不这样做，那些不认同我们价值观的人也会替我们做这件事。

死亡电脑社

螺丝刀没有思想。起重机没有思想。发电厂没有思想。值得一提的是，计算机也没有思想。

2016 年，一款名为 AlphaGo 的机器在围棋比赛中击败了世界冠军，一下鼓舞了人心——人类终于找到了比自身更强大的存在。

然而，我们离这个梦想其实还很远，至少有两件事可以证明这一点。

第一，没错，计算机是赢了，但它都不知道自己在玩什么，为什么要玩，甚至不知道围棋是什么游戏。

第二，没错，计算机是赢了，但这并没有让计算机感到骄傲或高兴。

这两个观察结果完美地说明了计算机有两个无法逾越的极限。与人类不同，计算机不知道自己在做什么，也无法体会自己的感受。让我们仔细分析一下。

首先，人类能感知自己"是什么"以及自己"不是什么"之间的区别，人类知道自己拥有一个人类的外表。人类通过获取观点、穿插不同的视角来发展自己的智力。

斯多葛学派曾建议人们"爬上山丘"，以便在高处观察事物，而不只是透过房子的小窗户看世界。这种"规劝"流传了几个世纪。罗宾·威廉姆斯（他不久前去世了）在电影《死亡诗社》里扮演的老师就是如此鼓励自己的学生的。当他被迫离开学校时，学生们站在教室的课桌上为其送别，以此表达敬意，发誓老师传达给自己的信念会一直留存在心中。

要想拥有意识，首先要能感知差别。机器是无意识的，因为它无法脱离自身。AlphaGo 的开发者们解释说，他们的程序能够成功是因为机器拥有了"深入学习"的能力，这种学习能力被称为"深度学习"。事实上，他们让机器在数百万个随机生成的围棋棋局中与自身进行对抗，这无疑有助于改进程序。但是，除了与此相同的工作，这个程序从来没有做过其他更多的事情，也就是说，机器并没有就此脱离了自身。

机器无法真正"自省"，没有任何一个"智能"系统能意识到自己在做什么，至少可以说，这的确是矛盾的。一台自动割草机会到处不断地碰壁，最终以优化自身的路径结束，这是肯定的。但是，它不可能产生自己或许会被一只羊取代的想法。

无论如何，为了让计算机有朝一日能够拥有意识，我们首先必须解释清楚，意识是什么。然后才能够告诉别人该怎么做。但直到现在，还没有人能做到这一点。

其次，让我们再次看看哲学家在事实判断和价值判断之间所做的有效区分。"地球是球形的"是属于第一类判断的例子，"地球处于危险之中"是属于第二类判断的例子。

计算机无法做出价值判断。计算机没有感觉。它可以识别一首歌曲，但无法感受这首歌的美妙之处。计算机可以证实某位数学家的推理是正确的，但无法确认某位足球裁判的裁决是否绝对公平。

计算机不可能拥有道德。如何向它解释好与不好之间的差别呢？信念不能被建模，观点不能被编程，价值体系不能以算法形式存在。根据定义，伦理不能容纳二元对立思想——这是一个很多人都不愿提及的问题，尤其是在美国，这种情况正好在发生。

硅谷是一座非同寻常的企业摇篮，这一点毋庸置疑，而且是一件挺好的事。但是，这里的企业家有时会同时表现出"超人类主义者"的一面和"自由意志主义者"的一面。他们幻想消除疾病甚至是死亡，他们甚至不反对消除国家的概念。硅谷的精神领袖之一雷·库兹韦尔[①]深信自己能预测未来，他的推理基础是在过去发生的事情的基础上实施外推法，他的结论相当简单：技术带来的问题将通过更多技术来解决。

互联网上的预言大师名为"奇点"。奇点指的是机器与人类彻底融合的时刻，这种情况注定会在某一天发生。但是，这些美国公司没有对此给予足够的批判精神，他们似乎觉得能够参与到这一进程中来，就已经很知足了。

当欧盟委员会正式起诉谷歌（库兹韦尔曾为谷歌工作）的不正当商业行为时，委员会把自己分内的工作做得很好。然而，欧盟委员会没有把重点放在关键问题上。我

---

① 雷·库兹韦尔是一位出色的发明家，曾发明盲人阅读机、音乐合成器和语音识别系统。他在1990年出版了《智能机器时代》（*The Age of Intelligent Machines*）一书，阐述了人工智能的哲学、数学和技术根源，预言了人工智能的非凡能力。

们真的希望自己未来的问题在 12 000 公里之外的地方得到解决吗？我们真的希望由那些主要动机（当然是合法动机）仍是盈利的大企业去塑造未来的社会保障、教育或健康等领域的主要原则吗？

计算机没有思想，而且它将永远没有思想。与此不同，那些遍布在世界各地编写计算机程序和使用计算机进行连接的人们却有很多思想。对计算机了解多一点，终究会很有用的。

人工智能：许多问题之一

我们几乎每天都能看到关于"人工智能"的新闻，事情似乎正在加速发展。自 2005 年以来，随着深度学习的出现，一种受脑科学启发的编程方法在语音和图像识别领域取得了巨大进步。神经网络技术可以用于医疗诊断、无人驾驶汽车或与恐怖主义的斗争中。

今天再没有人会否认，机器结合庞大的大数据所产生的力量在不断增长，帮助我们做到了一些原本无法做到的事情——我们自己不仅无法做到，甚至无法理解机器是如何做到的。

于是就出现了（至少）一个问题：我们能否一直掌握计算机所做决定的控制权？有人不再隐藏他们的恐惧。比如，比尔·盖茨、埃隆·马斯克和斯蒂芬·霍金在研发新型武器的会议中都曾公开表示过担忧。他们害怕决定瞄准目标、进行射击的"智能"无人机犯下错误，他们害怕机器人变得有自主能力，而这种自主能力能让它们杀死任何生物。

即使是一向不那么谨慎的谷歌，也在努力为计算机研发一个"以防万一"的紧急停止按钮，这相当于安装在机床上的红色紧急停止按钮，能在计算机出现失控的情况下瞬间切断所有电源……

智力的测量，测量的智慧

接下来这一幕发生在小学。孩子们需要完成以下填空题："小猫有_____腿""小鸟有_____腿"。学生们认真地在空格中填上"4条"和"2条"。但是，他们当中有一名学生给出了其他答案。老师在他的卷子上读到的是："小猫有毛茸茸的腿""小鸟有小短腿"。

难道是这位学生没有其他学生聪明吗？当然不是。他确实有着不同的智慧，这种情况并不罕见。他只是没有像大多数同学那样思考，但谁能证明他的想法不好呢？若要证明这一点，首先必须有一台测量仪，但这样的仪器并不存在。

所谓"智力"测试其实几乎没有提供关于智力能力的

任何信息，这有点像试图根据冰箱的容量来估计一座房子的价值。这类测试可以追溯到一个特定时期，那时，智力基本上被简化为计算、分类、推论或推断的逻辑数学能力。于是，被假定为测量智力的"智商"（IQ）概念被发明出来了。这无疑很滑稽，但更糟糕的是，人们因此试图将智力效率与形态指标关联起来，这些形态指标包括大脑的重量或头骨的形状，等等。

智商并不能测量个体的智力或认知能力，有时，它顶多能评估被试使用智力或认知的能力大小。智力测试虽然不能衡量智力，但是，在仅存在一种逻辑形式的情况下，人们可以观察被试是否能像设计该智力测试的测试者一样地思考。而那些希望找到所有天才的共同点，并希望解释如何才能像天才一样思考的各种尝试，其实都是在浪费时间。

智商并不能测量智力，因为智力具有多重性，况且，如果想评估这种多重性，那就必须采取一个多元化的评估过程。智力如同血型一样，不存在一个最好的类型，只是某些类型可能更常见而已。而且，知晓个体的智力水平并不比知晓该个体的智力类型更为重要。

幸运的是，自 20 世纪 80 年代以来，再没有人质疑多元智力的价值，以及将这些智力结合在一起的必要性。还有一个更好的消息，在今天，多元智力理论也是多元化的！这正是美国教育心理学家霍华德·加德纳的研究成果，自他写出第一张智力类型的列表开始，就在不断增加其中的内容了。当然，我们没有必要在各种智力类型之间做出选择。

除了演绎、数学和逻辑思维能力之外，让我们更进一步观察其他类型的智力。

- 音乐智力，这种智力体现为对声音和节奏的感知度。它能寻找音符的含义，并想象改编为其他乐曲的可能性。

- 运动智力，这种智力能释放身体各个部位的潜能。它能组织用来解决特定问题的最佳动作序列。

- 人际关系智力（或情感智力），这种智力能识别他人的感受和意图。它能感知到对于谈判、合作和互动等行为来说，什么是重要的因素。

- 视觉智力，这种智力可以从三个维度进行思考。它能让我们在建模之前、在空间内移动物体之前、在看到被要求思考的东西之前，就先进行想象。

- 语言智力，这种智力是利用语言反应的能力。如果有必要，这种智力甚至能够催生新的语言。

当然，还有其他智力类型，但目前这些信息已经足够清晰了。上述能力中只有很小一部分是可编程、可由机器执行的。计算机可以识别一张人脸，但无法感知这张脸是否很美。计算机有存储器，却没有记忆。计算机可以生成图像，却没有想象力。计算机可以从错误中吸取教训，但它不懂得后悔。计算机可以比较各种思想，却不能拥有思想。计算机可以将概念联系起来，却不能做到概念化。

我们所说的"智力"不是单一的能力，而是一系列先天或后天的技能。"智力"要求人类既要知道又要不知道，既会感动又会冷漠，既会提问又会回答，这是人类实现感觉、直觉、欢乐、震惊等行为不可分割的技能。

人类，机器所无法替代的存在

智能、智慧和智力的概念混淆①早已蔓延到了语言领

---

① 英文中 intelligent 一词在不同语境里会有不同的含义，在中文里可以是智力、智能或智慧。

域，但不一定会造成混乱，有时反而可能是有用的。"智能交通工具""智能服装""智能假肢"等词汇激发了人们的创造力，让这些发明更高效、反应力更强，或者更适合某类特定用户。然而，第二个词汇更微妙一些。当我们谈论"智慧型"城市或"智慧型"企业时，总让人感觉这里集中了一群拥有强大思考力的人。人类被"溶解"入一个更高级的组织中，这个组织不但能发明创造，还能明断善恶。然而情况并非如此，其实只有人类拥有智慧，并始终无法解除自己作为公民、父母或消费者的责任和义务。"集体智慧"或"群众智慧"的想法当然会出现，但它们仍然只是一种隐喻。

智慧的本质是人类，而且不可能是人造的。如果智慧变成人造的，我们就会放弃使用自己的智慧。但是，人工智能的话题会不断出现在各类媒体上。当计算机在游戏中打败人类时，当厂商想做一点广告宣传时，当一个有先见之明的亿万富翁自认为肩负了什么职责时，媒体就开始大肆宣扬这个话题。但是，这不过是把从前的幻想重新展现在平板电脑上而已。人类徘徊在痴迷与不安之间，时不时就会有人觉得，我们与机器的关系是可以逆转的。

计算机可以让我们摆脱许多枯燥乏味的工作，但不会使我们获得自由。它可以帮助我们进行预测，却不能帮助我们生产希望。它可以帮助我们找到信息，但不会告诉我们要寻找什么信息。它可以分析事物的方向，但却不知其意义。它为科学做出贡献，但不能获得意识。

人工智能的终极梦想不可能比永动机或通用语言的梦想更容易实现。

法国作家安德烈·纪德曾说："智慧本身是不存在的，但我们有关于这样或那样的事情的智慧。"今天，我们也可以说："人工智能本身是不存在的，但我们拥有越来越强大的工具，而这些工具可以帮助我们完成这样或那样的事。"

后记

我的计算机一无所知

第三部分内容其实可以冠名为《停止谈论关于计算机的一切》。在与读者告别之际，我想特别聊聊"机器翻译"，因为关于机器翻译，我们听到和看到的蠢话也是比比皆是。

首先，机器翻译也称自动翻译——光是这个称呼就让我恼火。为了让翻译能够100%地自动化，变得高效而可靠，我们的语言就不能带任何感情色彩，失去文采，变得平庸，迁就一板一眼的标准，避免过多的拼写麻烦，词汇使用范围被压缩到几千个单词，以最少的语法编写语句，用最简单的方式组织语言，清除所有语言风格……总之，语言被剥夺了几乎所有美丽而优雅的东西。只有当句子的复杂程度永远不会超过咖啡机的用户手册或美国总统特朗普在 Twitter 上的推文时，机器翻译才能完美实现。

无法想象，一台机器怎么能够感知各种动词语态之间的细微差别，怎么能体会到幽默和讽刺之间的微妙差异，怎么理解一句脏话，怎么能看出作者在文字中散发出的深厚感情，怎么能欣赏其中不言而喻、轻描淡写的深刻意义，怎么能找出隐藏的比喻，怎么能将通过标点符号表达的所有丰富性传达给文本？我们如何相信，机器翻译不会丧失莫里哀的《贵人迷》或夏多布里昂的《墓中回忆录》中流露出的原作者们的气息、创造力和才华？

翻译不仅是一个行业，也是一门艺术。甚至可以说，维克多·雨果和斯蒂芬·茨威格的作品从未被"翻译"过，他们的作品是用其他语言"改写"了。翻译与原文所传达的并不一定是一回事。如果说，一台计算机能成为一名优秀的工匠，那么它还无法成为一名艺术家，因为计算机没有创造杰作的能力。

的确，有些译者做得有点过火了。1965 年，米兰·昆德拉在其名作《玩笑》的法文译本的前言中写道，当他第一次看到译文时，感到甚是惊讶。他原文写的是"天空是蓝色的"，而译者却翻译成了略带抒情的"在一片如蓝色长春花海般的天空下"。即使优秀的译者是"口技表演者",他们也应该仅让作者的声音被听到,而不是过多发出自己的声音。在莎士比亚《哈姆雷特》的其他语言译本中,我们听到了这样的对白:"风吹得人怪痛的。真冷。"世上有很多方式来表达"天冷"。而计算机将如何在"冻死人了""天寒地冻"和"我冻僵了"之间做出选择?

我们以一个非常普通的词作为例子——"柔"。它在很多语言中都有不同的翻译方法,比如在英语中就对应着大约 12 种译法。或许,你脑海里最先浮现的翻译是 soft,而有人认为 soft 这个词更让人联想到的是"柔软""软绵绵""软弱"。soft 这个英文词的使用范围很广泛,可以用来形容轻质、柔和的特质,比如一个舒适的枕头。

但是,当我们想强调"甜蜜"或"甜美"的特质时,就会使用英语单词 sweet。作为名词,sweet 这个词也对应着"糖果"的意思,或是在一顿饭结束时提供的小甜点。但是,sweet 也可以表达"温柔""和顺"。如此一来,"柔"就可能对应着不同的英语翻译。再比如,口味柔和的"淡咖啡"在英语里被称为 mild,这种咖啡的口味细腻,避免了咖啡的刺激性。

英国歌手乔治·哈里森在一次印度之旅后创作了 *My Sweet Lord* 这首歌，但至少还有三个形容词可以用来形容一个人"sweet"。如果这个人拥有好客或友善的一面，他也可以被形容为 gentle；如果这个人很安静，也可以说他quiet；或者，如果他很脆弱、敏感，还可以形容他tender。

这还没有结束。"软着陆"在英语中为 smooth，而"淡黄油"和淡咖啡的翻译也不一样，被叫作 unsalted。柔软而光滑也可以被称为 silken。那么，一封"柔情似水"的情书，这里的"柔"又该如何翻译？大家不妨讨论一下。而且我们总想问：在一个计算机程序里，究竟什么东西是"软"的，导致人们将计算机程序命名为软件（soft-ware）？"微软"的软件系统是不是微微软了一点？还是就此放过大家吧，我想你们已经明白了我到底要说什么。

现在，我们来看第二个同样常见的词 time。让我们重新开始游戏。第一种翻译看起来能让人立刻接受——时间。但如果反过来看，吃饭时间在英语更习惯说 lunch hour；从语法上来说，动词变位里的时间称为 tense；而休假时间通常被称为 holiday season。也就是说，"时间"一词可以翻译成英语的季节（season）！机器该如何完全理解书写或发音的人的意思或意图？这是一句讽刺，还是一次搭讪？

如何将"这句话不是用英语写的"翻译成英语？如果用其他语言说出这句话，这个命题是正确的，一旦被翻译成英语，它就会出现逻辑错误。翻译不仅仅是为了表达，翻译也要知道如何令人满意。

在很多语言里，名词本身没有阴阳性之分。例如，"图书馆"一词在英语中既不属于阳性，也不属于阴性。然而，人们会说 his library 或者 her library，以此指出图书馆的主人是一名男性还是一名女性。与此不同的是，法语名词虽然有阴阳性之分，却也埋伏着令人混淆的语法问题。表示所有格的物主代词并不随着所有者的性别变化，而是根据被修饰的名词阴阳性而变化。如果一个法国人想强调是"他的图书馆"而不是"她的图书馆"，他不得不在句子后面加上第三人称代词"他"（lui），即"sa bibliothèque à lui"。

如果一个人在伦敦把自己的胳膊摔骨折了，他会说：

"I broke my arm." 而如果这件事发生在北京，他可能会说："我把胳膊摔折了。"仿佛英国人认为自己是胳膊的所有者，而中国人认为自己更像是胳膊的使用者。这时，如果翻译成"我把自己胳膊摔折了"貌似会更贴切。你也许会问，这有那么重要吗？或许，有那么一点吧。

机器翻译的未来不可能比世界语的未来更乐观。因此，大家不如停止这样称呼它，不如称之为"计算机辅助翻译"。现有的可用工具已经非常强大，而且非常有效。技术已经取得许多进步，而且很多设想也成为可能。系统可以依靠统计数据，并通过积累经验丰富自己。

好消息是，"计算机辅助翻译"将引领我们通往其他的知识和其他的文化。但还有更好的消息："计算机辅助翻译"这个工具将永远不会给我们带来完美的翻译。

附录

答案

答案 1

2 公斤的砝码没有被使用。砝码的总重量是 36 公斤，为了保持平衡，我们只能去掉一个重量值为双数的砝码，但它不可能是 10 公斤的砝码，因为我们无法将剩下的砝码均分为各 13 公斤的两组，因此，答案是 7 + 10 = 3 + 5 + 9。

答案 2

设 $x = 0.999999999999\cdots$，那么 $10x = 9.99999999999\cdots$。如果我们从 $10x$ 中减去 x，可得到

$$10x - x = 9x = 9.00000000000\cdots$$

因此，$x = 1$。证毕。

答案 3

我们可以简单假设，在一个十字路口，两位步行者都没有一个特定的偏好路线，那么 A 就有 1/2 的机会能选择道路 a，且 A 有 1/4 的机会通过道路 b 或道路 c。并且，对于 B 来说，他的走法与 A 对称。因此，两个人有 1/8 的可能性都通过道路 a 或道路 b，而且两人只有 1/16 的可能性会在道路 c 相遇。现在来回答最初的问题：两人相遇的概率是 5/16，也就是说，有略微小于 1/3 的机会。

答案 4

其实只要 23 人就足够了！因此，如果我们把两支足球队的队员和裁判集合起来，那么其中有两个人在同一天出生的概率就会大于 1/2。

答案 5

假设有 A 和 B 两个开关，则灯 L 的真值表为：

A	B	L
0	0	0
0	1	1
1	0	1
1	1	0

但是，这不是唯一解，以下的配置同样适用：

A	B	L
0	0	1
0	1	0
1	0	0
1	1	1

答案 6

由于三句话中只有一句是真的，我们不妨依次设想一下第一句、第二句或第三句为真的情况。每一次，我们都取另外两句话的反义句，这样一来，两个反义句也同样应该为真。如此形成的三组新话语应为以下形式。

- A 盒子里装有红色棋子。
- B 盒子里装有红色棋子。
- C 盒子里装有蓝色棋子。

- A 盒子里没有装红色棋子。

- B 盒子里没有装红色棋子。

- C 盒子里装有蓝色棋子。

- A 盒子里没有装红色棋子。

- B 盒子里装有红色棋子。

- C 盒子里没有装蓝色棋子。

如果在最初的问题中，只有第一句或只有第二句确认为真，问题就会引向一个死胡同。在第一种情况中，A 盒子和 B 盒子不可能同时都装有红色棋子，然而在第二种情况中，C 盒子必须装的是红色棋子。因此，第三句从一开始就确认为真的。因此，本题的唯一解就是：红色棋子装在 B 盒子中，绿色棋子装在 C 盒子中，蓝色棋子自然就装在了 A 盒子中。

这个问题有一个好处，就是能让我们理解（一点点）逻辑学和布尔代数。每一个命题，例如绿色棋子装在 B 盒子中，都可以是真或假。在布尔语言中，真或假可以等价于 1 或 0。我们将按照 $Bg = 1$ 或 $Bg = 0$ 的情况编写，因此反命题"绿色棋子在 B 盒子中"将被写成 Bng，且如果 Bg 等于 0，则 Bng 等于 1[1]。

于是，我们将得到 9 个变量，包括 Ar、Cg、Br，等等。这些变量将特定的盒子和特定的棋子颜色联系起来，由此产生几十个可能的方程，并且由逻辑数学家决定哪些方程更有效。在这种情况下：

(1) Ar + Br + Cr = 1

上述方程表示，红色棋子装在三个盒子中的其中一个里。

由于问题存在答案，三个句子中的其中一句等于 1，因为它不能自相矛盾，这样公式可以写成：

(2) ArBrCb + AnrBnrCb + AnrBrCnb = 1

在上述等式中，第一项为 0，因为红色棋子不可能同时既装在 A 盒子中又装在 B 盒子中。因此有：

(3) AnrBnrCb + AnrBrCnb = 1

我们运用逻辑乘法将 (1) 和 (3) 相乘。则有：

(Ar + Br + Cr)(AnrBnrCb + AnrBrCnb) = 1

展开公式得到：

---

[1] 字母 r、g、b 分别代表红色（red）、绿色（green）和蓝色（blue）。

$ArAnrBnrCb + BrAnrBnrCb + CrAnrBnrCb +$
$ArAnrBrCnb + BrAnrBrCnb + CrAnrBrCnb = 1$

其中 $ArAnr = BrBnr = CrCb = CrBr = 0$，因为逻辑矛盾抵消掉了各自所属的项。只有第 5 项被排除在外，并且符合真实的断言。鉴于 $BrBr = Br$（即 $x^2 = x$），公式可以更简单地写为：

$AnrBrCnb = 1$

为了让逻辑乘积等于 1，必须让每个乘积因素都等于 1。

因此，B 盒子里装有红色棋子。由于 C 盒子没有装蓝色棋子，因此它装的是绿色棋子。所以，A 盒子里装的就是蓝色棋子。

答案 7

句子 1 和句子 3 相互矛盾，因此这两句话中的其中一句必然是假的。

句子 2 和句子 4 相互矛盾，因此这两句话中的其中一句必然是假的。

于是在方框中，至少有两句话是假的，因此句子 2 是假的。

句子 3 和句子 4，两句话要么都是真的，要么都是假的。因此，只有三种逻辑的答案，它们之间不存在相互矛盾。

- 1 假，2 假，3 真，4 真。
- 1 真，2 假，3 假，4 假。
- 1 假，2 假，3 假，4 假。

所以，对于所提的问题，答案可以是 0、1 或 2。

参考文献

DE BRABANDERE L. Petite Philosophie des mathématiques vagabondes.Paris: Eyrolles, 2011.

DE BRABANDERE L. Pensée magique, pensée logique. Paris : Le Pommier, 2017.

DION E. Invitation à la théorie de l'information. Paris: Point Seuil, 1997.

NAHIN P J. The Logician and the Engineer. Cambridge: Princeton University Press, 2013.

LAUNAY M. Le Grand Roman des maths : De la préhistoire à nos jours. Paris : Flammarion, 2016.

LIVIO M. Dieu est–il mathématicien ? Paris : Odile Jacob, 2016.

ABITEBOUL S, DOWEK G. Le Temps des algorithmes. Paris: Le Pommier, 2017.

DOWEK G. La Logique. Paris : Le Pommier, 2016.

CHROKRON S. Peut–on mesurer l'intelligence? Les Plus Grandes Petites Pommes du savoir. Paris : Le Pommier, 2014.

人名索引